全国高职高专机械类"工学结合-双证制"人才培养"十二五"规划教材

UG NX 8.5 建模与加工项目式教程

主　编　葛晓健　曾　锋　谢海东
副主编　陈中瑾　李笑勉　张爽华
　　　　周　敏　龙　峰　郭世帅
　　　　赵　亮　高　淼　陈　帆
参　编　周燕峰
主　审　范有雄

U0362804

华中科技大学出版社
中国·武汉

内 容 简 介

本书以职业院校学生为对象，紧紧围绕"以学生职业技能为目标，就业为导向"的编写理念，以项目教学的方式编写而成，力求突出职业技能特色，实现"教中学，学中做"的教、学、做理实一体化模式。

全书共 12 个单元，分为上、下两篇，上篇为 UG CAD 部分，内容包括 UG NX 8.5 基础、曲线与草图绘制、实体建模设计、曲面造型、装配设计和工程图的创建。下篇为 UG CAM 部分，内容包括 UG NX 8.5 CAM 基础、平面铣加工、型腔铣加工、固定轴轮廓铣加工、孔系加工和车削加工。

本书以 20 个项目教学、25 个上机实践安排内容。每个项目先介绍操作步骤，再有针对性地介绍相关知识点，最后通过上机实践来强化知识点。

本书内容翔实、结构清晰、语言简洁、图文并茂，可以作为高职院校机械制造、数控加工、模具制造等专业的机械 CAD/CAM 教材，也可作为相关培训班的教材以及个人自学用书。

图书在版编目(CIP)数据

UG NX 8.5 建模与加工项目式教程/葛晓健，曾锋，谢海东主编. —武汉：华中科技大学出版社，2014.10
（2022.8 重印）

　ISBN 978-7-5609-9686-8

Ⅰ.①U… Ⅱ.①葛… ②曾… ③谢… Ⅲ.①计算机辅助设计-应用软件-高等职业教育-教材
Ⅳ.①TP391.72

中国版本图书馆 CIP 数据核字(2014)第 250947 号

UG NX 8.5 建模与加工项目式教程　　　　　　　　　　葛晓健　曾　锋　谢海东　主编

策划编辑：严育才
责任编辑：吴　晗
封面设计：范翠璇
责任校对：祝　菲
责任监印：周治超
出版发行：华中科技大学出版社（中国·武汉）　　　电话：(027)81321913
　　　　　武汉市东湖新技术开发区华工科技园　　　邮编：430223
录　　排：武汉市洪山区佳年华文印部
印　　刷：武汉市首壹印务有限公司
开　　本：787mm×1092mm　1/16
印　　张：20
字　　数：516 千字
版　　次：2022 年 8 月第 1 版第 12 次印刷
定　　价：54.80 元

全国高职高专机械类"工学结合-双证制"人才培养"十二五"规划教材

编委会

序

目前我国正处在改革发展的关键阶段,深入贯彻落实科学发展观,全面建设小康社会,实现中华民族伟大复兴,必须大力提高国民素质,在继续发挥我国人力资源优势的同时,加快形成我国人才竞争比较优势,逐步实现由人力资源大国向人才强国的转变。

《国家中长期教育改革和发展规划纲要(2010—2020年)》提出:发展职业教育是推动经济发展、促进就业、改善民生、解决"三农"问题的重要途径,是缓解劳动力供求结构矛盾的关键环节,必须摆在更加突出的位置。职业教育要面向人人、面向社会,着力培养学生的职业道德、职业技能和就业创业能力。

高等职业教育是我国高等教育和职业教育的重要组成部分,在建设人力资源强国和高等教育强国的伟大进程中肩负着重要使命并具有不可替代的作用。自从1999年党中央、国务院提出大力发展高等职业教育以来,高等职业教育培养了大量高素质技能型专门人才,为加快我国工业化进程提供了重要的人力资源保障,为加快发展先进制造业、现代服务业和现代农业做出了积极贡献;高等职业教育紧密联系经济社会,积极推进校企合作、工学结合人才培养模式改革,办学水平不断提高。

"十一五"期间,在教育部的指导下,教育部高职高专机械设计制造类专业教学指导委员会根据《高职高专机械设计制造类专业教学指导委员会章程》,积极开展国家级精品课程评审推荐、机械设计与制造类专业规范(草案)和专业教学基本要求的制定等工作,积极参与了教育部全国职业技能大赛工作,先后承担了"产品部件的数控编程、加工与装配""数控机床装配、调试与维修""复杂部件造型、多轴联动编程与加工""机械部件创新设计与制造"等赛项的策划和组织工作,推进了双师队伍建设和课程改革,同时为工学结合的人才培养模式的探索和教学改革积累了经验。2010年,教育部高职高专机械设计制造类专业教学指导委员会数控分委会起草了《高等职业教育数控专业核心课程设置及教学计划指导书(草案)》,并面向部分高职高专院校进行了调研。2011年,根据各院校反馈的意见,教育部高职高专机械设计制造类专业教学指导委员会委托华中科技大学出版社联合国家示范(骨干)高职院校、部分重点高职院校、武汉华中数控股份有限公司和部分国家精品课程负责人、一批层次较高的高职院校教师组成编委会,组织编写全国高职高专机械设计制造类工学结合"十二五"规划系列教材,选用此系列教材的学校师生反映教材效果好。在此基础上,响应一些友好院校、老师的要求,以及教育部《关于全面提高高等职业教育教学质量的若干意见》(教高〔2006〕16号)中提出的要推行"双证书"制度,强化学生职业能力的培养,使有职业资格证书专业的毕业生取得"双证书"的理念。2012年,我们组织全国职教领域精英编写全国高职高专机械类"工学结合-双证制"人才培养"十二五"规划教材。

本套全国高职高专机械类"工学结合-双证制"人才培养"十二五"规划教材是各参与院校"十一五"期间国家级示范院校的建设经验以及校企结合的办学模式、工学结合及工学结合-双证制的人才培养模式改革成果的总结,也是各院校任务驱动、项目导向等教学做一体的教学模式改革的探索成果。

具体来说,本套规划教材力图达到以下特点。

（1）反映教改成果,接轨职业岗位要求　紧跟任务驱动、项目导向等教学做一体的教学改革步伐,反映高职机械设计制造类专业教改成果,注意满足企业岗位任职知识要求。

（2）紧跟教改,接轨"双证书"制度　紧跟教育部教学改革步伐,引领职业教育教材发展趋势,注重学业证书和职业资格证书相结合,提升学生的就业竞争力。

（3）紧扣技能考试大纲、直通认证考试　紧扣高等职业教育教学大纲和执业资格考试大纲和标准,随章节配套习题,全面覆盖知识点与考点,有效提高认证考试通过率。

（4）创新模式,理念先进　创新教材编写体例和内容编写模式,针对高职学生思维活跃的特点,体现"双证书"特色。

（5）突出技能,引导就业　注重实用性,以就业为导向,专业课围绕技术应用型人才的培养目标,强调突出技能、注重整体的原则,构建以技能培养为主线、相对独立的实践教学体系。充分体现理论与实践的结合,知识传授与能力、素质培养的结合。

当前,工学结合的人才培养模式和项目导向的教学模式改革还需要继续深化,体现工学结合特色的项目化教材的建设还是一个新生事物,处于探索之中。"工学结合-双证制"人才培养模式更处于探索阶段。随着本套教材投入教学使用和经过教学实践的检验,它将不断得到改进、完善和提高,为我国现代职业教育体系的建设和高素质技能型人才的培养作出积极贡献。

谨为之序。

全国机械职业教育教学指导委员会副主任委员
国家数控系统技术工程研究中心主任
华中科技大学教授、博士生导师

2013 年 2 月

前　　言

　　UG NX 8.5(Siemens NX)是当今世界上最先进、最畅销、面向制造行业的集CAD/CAE/CAM于一体的高端软件之一,是UGS PLM Solution公司针对产品生命周期管理(PLM)提出的适用于完整产品工程的解决方案,涵盖了产品的设计、分析、加工、工程协同及产品数据管理。目前,UG NX已被广泛应用于汽车、航空、航天、机械、日常消费品、医疗仪器等领域,众多全球知名的制造商正在使用该软件从事工业设计、机械设计、概念设计、数字化仿真和生产制造的工作,为推动技术创新发挥着重要的作用。

　　全书以UG NX 8.5中文版软件为操作基础,以UG CAD/CAM为框架,介绍基本UG软件的使用方法及相关的基本知识,本着理论知识必需、够用、少而精的原则,力求突出针对性、实用性,是高职院校机械制造、数控加工、模具制造等专业的机械CAD/CAM适用教材。

　　本书的特色是其授课内容的安排是以20个项目为主线来重点介绍软件的功能,因此书中体现的是"是否能完成、如何完成"的问题,每个项目都设计了学习任务、知识要点、操作步骤,读者只需按照书中介绍的步骤一步一步地实际操作,就能完全掌握本书的内容。每个项目后安排有上机实践,以加深对各知识点的理解,此外,每项目后有操作技巧总结,单元最后还配有单元小结和思考与习题,帮助读者在学习各章的内容后进行复习。

　　全书共12个单元,分为上、下两篇。上篇为UG CAD部分,内容包括UG NX 8.5基础、曲线与草图绘制、实体建模设计、曲面造型、装配设计和工程图的创建。下篇为UG CAM部分,内容包括UG NX 8.5 CAM基础、平面铣加工、型腔铣加工、固定轴轮廓铣加工、孔系加工和车削加工。

　　本书由武汉软件工程职业学院葛晓健、广东工贸职业技术学院曾锋、广东轻工职业技术学院谢海东担任主编,由仙桃职业学院陈中瑾、东莞职业技术学院李笑勉、安徽国防科技职业学院张爽华、中山职业技术学院周敏、丽水职业技术学院龙峰、湖北开放学院郭世帅、仙桃职业学院赵亮、武汉软件工程职业学院高淼、陈帆担任副主编。参加本书编写的还有深圳龙岗职校周燕峰。本书由范有雄担任主审。

　　具体编写分工为:第1单元由葛晓健编写,第2单元由李笑勉编写,第3单元由赵亮编写,第4单元由陈帆编写,第5单元由张爽华编写,第6单元由龙峰编写,第7单元由陈中瑾编写,第8单元由曾锋编写,第9单元由高淼编写,第10单元由周敏编写,第11单元由谢海东编写,第12单元由郭世帅编写。

　　编写教材有相当的难度,是一项探索性的工作。由于时间仓促,书中的不足之处在所难免,恳切希望各使用单位和个人对本书提出宝贵意见,以便修订时加以完善。

编　者

2014年9月

目　　录

上篇　UG CAD

下篇　UG CAM

上篇　UG CAD

第 1 单元　UG NX 8.5 基础

　　UG NX 8.5 是一个集成的 CAD/CAE/CAM 系统软件,是当今世界最先进的计算机辅助设计、分析和制造软件之一。该软件集建模、制图、加工、结构分析、运动分析和装配等功能于一体,广泛应用于航天、航空、汽车、造船等领域,显著地提高了相关工业的生产率。本单元主要介绍 UG NX 8.5 软件的基础知识,包括 UG NX 8.5 软件的工作环境、常用工具、对象操作及界面的自定义方式。

本单元学习目标

(1) 了解 UG NX 8.5 的基本知识。

(2) 熟悉 UG NX 8.5 的用户界面。

(3) 掌握 UG NX 8.5 产品设计的一般过程。

(4) 掌握 UG NX 8.5 操作环境设置方法。

项目 1-1　初识 UG NX 8.5——支座设计

1.1.1　学习任务和知识要点

1. 学习任务

运用 UG 软件完成如图 1-1 所示支座零件的建模,完成后如图 1-2 所示。

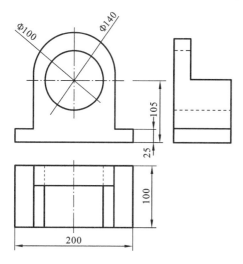

图 1-1　支座图纸

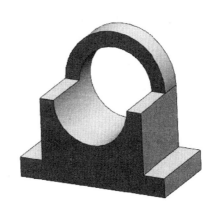

图 1-2　建模效果

2. 知识要点

(1) UG 的工作环境及操作界面。

(2) UG 建模的一般流程,分析普通零件包含的 UG 基本特征及建模思路。

(3) UG 文件的创建和保存等基本操作方法。

1.1.2 相关知识点

1. UG NX 8.5 简介及特点

Unigraphics(简称 UG)是美国 Unigraphics Solutions of EDS 公司推出的 CAD/CAM/CAE 一体化软件,是当今世界最先进的计算机辅助设计、分析和制造软件。同其他类型的通用绘图软件相比,UG NX 8.5 采用统一的数据库、矢量化和关联性处理、三维建模和二维工程图相关联等技术,大大节省了设计时间,提高了效率。

UG NX 8.5 包含了非常强大、非常广泛的产品设计应用模块,其功能覆盖了从概念设计、功能设计、工程分析、加工制造到产品发展的整个过程,其软件已经在航空航天、汽车、通用机械、工业设备、医疗器械以及其他高科技应用领域的机械设计和模具加工自动化的市场上得到了广泛的应用,并占据主导地位。

UG NX 软件自 1990 年进入中国市场以来,以其先进的理论基础、强大的工程背景、完善的功能和专业化的技术服务受到广大用户的青睐,成为中国高级 CAD/CAM/CAE 系统的主流应用软件。

UG NX 8.5 兼容了参数建模和非参数建模,是建立在同步建模技术之上,以 Teameenter 软件的工程流程管理功能为动力,把设计到制造流程的各个方面(CAD/CAM/CAE)集成在一起的数字化产品开发完整解决方案,这使得 UG NX 8.5 具有如下特点。

◆ 更大的灵活性 UG NX 8.5 提供了"无约束的设计",帮助有效处理所有历史数据,并使历史数据的重复使用率最大化,避免不必要的重复设计。比较结果显示,与同类系统相比,UG NX 8.5 效率提高了,并且突破了参数化模型的各种约束,从而缩短了设计的时间,减少了可以引起巨大损失的错误。

◆ 更高的生产率 UG NX 8.5 提供了一个全新的用户定义界面,以及自定义功能,从而提高了工作效率。

◆ 更强劲的效果 UG NX 8.5 把 CAD、CAM 和 CAE 无缝集成到一个统一、开放的环境中,提高了产品和流程信息的显示效率。

2. UG NX 8.5 的常用模块

UG NX 由许多功能模块组成,每一个模块都有自己独立的功能,可以根据需要调用其中的一个或几个模块进行设计,还可以调用系统的附加模块或者使用软件进行二次开发工作。常用的模块主要有 CAD 模块、CAM 模块、CAE 模块。

1) CAD 模块

◆ 基础环境 这个模块是 UG 的入口模块,它提供一些最基本的操作,包括:打开、创建、存储等文件操作;着色、消隐、缩放等视图操作;视图布局;图层管理;绘图及绘图机队列管理等操作。

◆ 建模 建模模块用于创建三维模型,是 UG NX 的核心模块,UG 软件所擅长的曲线功能和曲面功能在该模块中得到充分体现。通过该模块可以自由地表达设计思想,进行创造性的改进设计,从而获得良好的造型效果和造型速度。

◆ 装配　使用 UG 的装配模块可以轻松地完成零件的装配工作。该模块支持"自底向上"和"自顶向下"两种装配方法,快速地跨越装配层来直接访问任何组件或子装配的设计模型。UG NX 中的装配模型和零件模型是相互关联的,可以在装配环境中修改零件参数,也可以单独修改零件模型,无论在哪里修改都会实现相应的更新。

◆ 制图　该模块可以直接利用 3D 模型或装配部件生成并保存符合行业标准的工程图样。在制图应用模块中创建的图样与模型完全关联。对模型所做的任何更改都会在图样中自动地反应出来。此外,制图模块还提供 2D 图纸工具,可用于生成独立的 2D 图纸。

2) CAM 模块

UG NX 的 CAM 模块具有非常强大的数控编程能力,能够编写铣削、钻削、车削和线切割等加工路径并能处理 NC 数据。具有非常多的参数选项实现所需工艺要求,完善刀具路径,达到理想的加工效果。

3) CAE 模块

◆ 运动仿真　UG NX 运动机构模块提供机构设计、分析、仿真和文档生成功能,可在 UG 实体模型或装配环境中定义机构。定义好的机构可直接在 UG 中进行分析,可进行各种研究,同时还可实际仿真机构运动。

◆ 有限元分析　在 UG NX 系统的高级分析模块中,首先将几何模型转换为有限元模型,然后进行前置处理,接着提交解算器进行分析求解,最后进入后置处理,采用直接显示资料或采用图形显示等方法来表达求解结果。UG NX 的前置处理功能强大,可以将模型直接转化成有限元模型并可以对模型进行简化,并且支持多种分析求解器,可以进行线性结构静力分析、线性结构动力分析、模态分析等操作。

3. UG NX 8.5 的界面

1) UG NX 8.5 的启动

选择"开始"→"Siemens NX 8.5"→"NX 8.5"命令,或者在桌面上选择 UG NX 8.5 的快捷方式,可以启动 UG NX 8.5。启动 UG 后出现如图 1-3 所示的初始界面,在 UG NX 8.5 的初始界面中可以新建、打开、浏览最近的文档并进行系统的设置。

图 1-3　UG NX 8.5 初始界面

2) UG NX 8.5 的工作界面

启动 UG NX 8.5 后,新建一个模型,即可进入其工作界面。UG NX 8.5 的工作界面主要由以下几部分组成:菜单栏、工具栏、提示栏、资源条、绘图区,如图 1-4 所示。

图 1-4　UG NX 8.5 工作界面

(1) 菜单栏。UG NX 的菜单与大部分的 Windows 软件相似,包含"文件"、"编辑"、"视图"、"插入"、"格式"、"工具"、"装配"、"信息"、"分析"、"首选项"、"窗口"、"GC 工具箱"和"帮助"等操作按钮。

在菜单栏中,各主要选项含义如下。

◆ 文件　主要用于创建文件、保存文件、导出文件、导出模型、导入模型、打印和退出软件等操作。

　◆ 编辑　主要用于对当前视图、布局等进行操作。

　◆ 视图　主要用于模型的显示控制,包括刷新、布局、可视化等。

　◆ 插入　主要用于插入各种特征。

　◆ 格式　主要用于对现有格式进行编辑工作。

　◆ 工具　提供一些建模过程中比较实用的工具。

　◆ 装配　主要提供各种装配所需要的操作命令。

　◆ 信息　提供当前模型的各种信息。

　◆ 分析　提供如测量距离、测量半径、测量体、检查几何体、简单干涉等实用信息。

　◆ 首选项　主要用于对软件的预设置。

　◆ 窗口　主要用于切换被激活的窗口和其他窗口。

　◆ GC 工具箱　主要用于帮助客户进行产品设计时提高标准化程度和工作效率。

　◆ 帮助　提供用户使用软件过程中所遇到的各种问题的解决办法。

(2) 工具栏。UG NX 的命令是以工具栏的形式分组的,应用某一命令需要到相应的工具栏中调用,如拉伸、旋转命令在特征工具栏中,网格曲面命令在曲面工具栏中。

(3) 提示栏。提示栏位于绘图区的上方,主要显示用户下一步应该执行的操作。在复杂的操作过程中,提示栏具有十分重要的作用。

(4) 资源条。UG NX 除了提供 Windows 软件常用的菜单和工具栏外,还提供了资源条,以显示过程监视及帮助等,主要有:装配导航器、约束导航器、部件导航器、重用库、HD3D 工具、Internet Explorer、历史记录、系统材料等多项内容。其中装配导航器、约束导航器、部件导航器最为常用。如图 1-5 所示为"部件导航器"的资源窗口。

(5)绘图区。绘图区是 UG 绘图的主要区域,任何操作都在绘图区进行,在不同的制图模式下工作的含义也有所不同,UG NX 的绘图区可以分为建模绘图区和草图绘图区。

4. 鼠标与按键的使用

鼠标在 UG NX 中的使用率非常高,而且功能强大,可以实现平移、缩放、旋转以及使用快捷菜单等操作。

下面介绍一些主要的鼠标操作。

◆ 单击鼠标左键用来选择命令和对象。

◆ 双击鼠标左键用来对某些对象执行默认操作,如编辑参数。

◆ 单击鼠标中键表示确定或者应用。

◆ 单击鼠标右键可以弹出快捷菜单。

◆ 长按鼠标右键可以弹出径向菜单。

◆ 按住鼠标中键不放,移动鼠标可以旋转模型。

◆ 滚动滚轮可以对模型进行缩放。

图 1-5　"部件导航器"资源窗口

5. 文件操作

1) 新建模型文件

通过菜单"文件"→"新建"或单击标准工具条上的"新建"按钮 ,会弹出如图 1-6 所示的"新建"对话框,设置文件名(要求非中文)和保存路径,单击"确定"按钮即可新建模型文件。

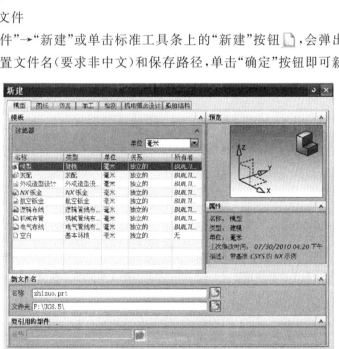

图 1-6　"新建"对话框

2）文件导入

导入文件功能用于与非 UG NX 进行数据交换。当数据文件由其他工业设计软件建立时，它与 UG 系统的数据格式不一致，直接用 UG NX 系统无法打开此类数据文件，文件导入功能使 UG NX 具备了与其他工业设计软件进行交互的途径。

要执行导入文件操作，单击"文件"→"新建"，新建一个空白模型文件；单击"文件"→"导入"→"部件"命令，弹出"导入部件"对话框，保持默认选项，单击"确定"按钮，弹出"导入部件"对话框，选择相应的模型文件；单击"OK"按钮，弹出"点"对话框，在绘图区中的任意位置上，单击鼠标中键，在"点"对话框中，单击"取消"按钮，即可导入模型文件。

3）文件导出

导出文件与导入文件的功能相似，UG NX 可将现有模型导出为其支持的其他类型的文件，如 CGM、STL、IGES、DXF/DWG、CATIA 等，还可以直接导出为图片格式。

4）选项功能

选项功能级联菜单可设置"装配加载选项"和"保存选项"两种类型的文件选项。

◆ 装配加载选项　该命令用于指定系统如何以及从何处加载文件。

◆ 保存选项　该命令用于指定每次文件被保存时的系统默认设置。

6. 对象隐藏和显示

对象的隐藏与显示是一项重要的操作。如果图中存在多个对象，在对对象进行编辑时，视图会显得非常杂乱。此时，用户可以将某些成形的对象隐藏，在需要时再将其显示出来。

隐藏和显示操作包含"显示和隐藏"、"立即隐藏"、"隐藏"、"显示"等命令，如图 1-7 所示。

按下"Ctrl＋W"组合键，弹出"显示和隐藏"对话框，如图 1-8 所示，可以以几何体类型的形式显示和隐藏对象。单击某类型的显示符号"＋"，即可显示对象。单击某类型的隐藏符号"－"，即可隐藏对象。

图 1-7　显示和隐藏操作　　　　　图 1-8　"显示和隐藏"对话框

7. UG NX 8.5 设计一般程序

1）UG NX 8.5 设计的准备工作

① 阅读相关设计的文档资料，了解设计目标和设计资源。

② 搜集可以被重复使用的设计图样。

③ 定义关键参数和结构草图。

④ 了解产品装配结构的定义。

⑤ 编写设计细节说明书。

⑥ 建立文件目录,确定层次结构。

⑦ 将相关设计数据和设计说明书存入相应的项目目录中。

2）UG NX 8.5 设计基本步骤

① 建立主要的产品装配结构。用 UG"自顶向下"的设计方法,建立产品装配结构树。以前的设计可以沿用,可以使用结构编辑器将其纳入产品装配树中。其他的一些标准零件可以在设计阶段进入到装配中,因为大部分这类零件需要在主结构完成后才能定形、定位。

② 在装配设计的顶层定义产品设计的主要控制参数和主要结构设计描述。这些模型数据将被下属零件所引用,以进行零件细节设计,同时这些数据也将用于最终产品的控制和修改。

③ 根据参数的结构描述数据,建立零件内部尺寸关联和部件间的特征关联。

④ 用户对不同的子部件和零件进行细节设计。

⑤ 在零件细节设计过程中,应该随时进行装配层上的检查,如装配干涉、重量和关键尺寸等。

此外,也可以在设计过程中,在装配顶层随时增加一些主体参数,然后再将其分配到各个子部件或零件设计中。

3）三维造型设计步骤

① 理解设计模型。用户应该了解主要的设计参数、关键的设计结构和设计约束等设计情况。

② 主体结构造型。用户要找出模型的关键结构,如主要轮廓和关键定位孔等结构。关键结构的确定对于用户的造型过程会起到关键性的作用。对于复杂模型而言,模型的分解是造型的关键。

③ 零件相关设计。UG 允许用户在模型建立完成以后,再建立零件之间的参数关系。但更直接的方法是在造型中就直接引用相关参数。对于比较复杂的造型特征,应尽早加以实现。

④ 细节特征设计。细节特征造型一般放在造型的后期阶段,一般不要在造型早期阶段进行这些细节设计,这样会大大加长用户的设计周期。

1.1.3　操作步骤

1. 创建支座外形

1）新建文件

启动 UG NX 8.5,单击标准工具栏上"新建"按钮 ,系统自动弹出"新建"对话框,如图 1-9 所示,选择"模型"选项卡,选择单位为"毫米",在名称栏输入文件名"zhizuo",单击"浏览"按钮 ,选择一个保存目录,如 F:/UG8.5/,确定后进入建模界面。

2）创建草图

单击快捷工具栏上的"草图"按钮 ,系统自动弹出"创建草图"对话框,如图 1-10 所示,选择"草图平面"为默认设置,单击"确定"按钮,进入草绘平面,绘制如图 1-11 所示草图,单击"完成草图"按钮 ,然后退出。

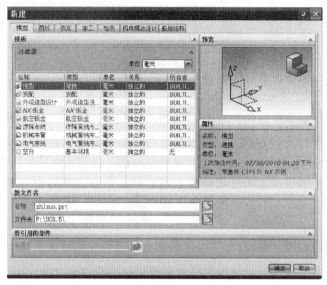

图 1-9 "新建"对话框

图 1-10 "创建草图"对话框

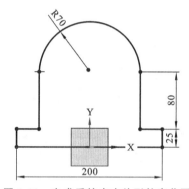

图 1-11 完成后的支座外形轮廓草图

3) 拉伸建模

单击"拉伸"按钮 🔲，弹出"拉伸"对话框，如图 1-12 所示，选择绘制好的截面曲线，指定方向为"－Z"向，起始距离为 0 mm，结束距离为 100 mm，布尔运算为"自动判断"，单击"确定"按钮，得到如图 1-13 所示形状。

图 1-12 "拉伸"对话框

图 1-13 拉伸结果

2. 创建内孔

1) 创建草图

单击工具栏上的"草图"按钮，弹出"创建草图"对话框，选择平面方法为"现有平面"，如图 1-14 所示，绘制如图 1-15 所示 Φ100 圆，单击"完成草图"按钮，然后退出。

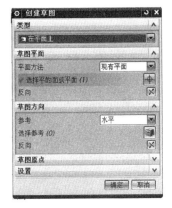

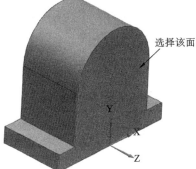

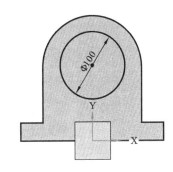

图 1-14　"创建草图"对话框及草绘平面选择　　　　图 1-15　绘制 Φ100 圆

2) 拉伸(求差)

单击"拉伸"按钮，弹出"拉伸"对话框，如图 1-16 所示，选择绘制好的 Φ100 圆，指定方向为"－Z"，起始距离为 0 mm，结束距离为 100 mm，布尔运算为"求差"，单击"确定"按钮，得到如图 1-17 所示形状。

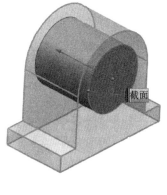

图 1-16　拉伸操作及参数输入　　　　图 1-17　拉伸(求参)结果

3. 支座切台

从该项目的工程图上可以看到，在支座上有一个平台，需要从刚才创建的模型中切除，以符合实体外形的要求。这个操作很简单，可以在 X-Y 基准平面上画出一个矩形框，然后进行拉伸除料即可。

1) 创建草图

单击工具栏上的"草图"按钮，弹出"创建草图"对话框，选择 X-Y 基准平面为放置平面，按照如图 1-18 所示的图形和尺寸画出一个矩形，单击"完成草图"按钮 ，然后退出。

2）拉伸（求差）

单击"拉伸"按钮 ，弹出"拉伸"对话框，如图 1-19 所示，选择所绘矩形轮廓，指定方向为"−Z"向，起始值设为"对称值"，距离设为 80 mm，布尔运算为"求差"，单击"确定"按钮，结束除料操作，其形状如图 1-20 所示。

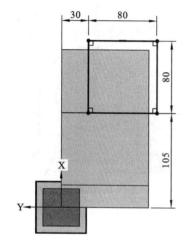

图 1-18　画出矩形并标注尺寸

图 1-19　设置除料的方式和参数

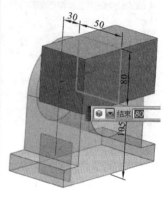

4．图面的处理

虽然完成了支座零件的全部设计，但其图面的效果并不令人满意，比如，在这个模型上仍保留着最初所绘制的草图痕迹，显得比较凌乱。

单击"菜单"工具条上"编辑"→"显示和隐藏"→"隐藏"命令，或"Ctrl＋B"，弹出"类选择"对话框，如图 1-21 所示，单击类型过滤器图标 ，出现一个"根据类型选择"对话框，按住"Ctrl"键同时选择上面的"草图"、"基准"和"CSCY"三个选项，如图 1-22 所示，单击"确定"按钮。它又返回到"类选择"对话框，在这个对话框上，单击"全选"命令后，再单击"确定"按钮，其效果图如图 1-23 所示。

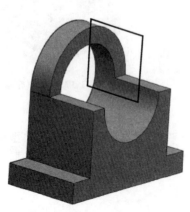

图 1-20　完成的支座实体模

图 1-21　"类选择"对话框

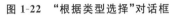

图 1-22　"根据类型选择"对话框　　　图 1-23　完成隐藏的支座实体效果

至此,完成了支座零件的全部设计任务,将它保存即可,待需要时随时调用。

1.1.4　本项目操作技巧总结

UG NX 8.5 的常用建模方法为使用拉伸、旋转、扫描等命令。任何一个实体的建模大体上都经过绘制草图、实体拉伸和细节特征修整等几个步骤。绘制草图时,必须首先确定好草图所在平面。实体拉伸时,必须明确拉伸方向、拉伸参数和实体生成的组合形式。

1.1.5　上机实践 1——机座设计

本训练项目是用 UG 的建模模块,完成图 1-24 所示的机座的实体造型设计。大家可以根据提示的操作步骤和各阶段生成的实体效果图来自己完成整个设计任务。

操作步骤:

(1) 创建底座(见图 1-25)。

(2) 创建背板(见图 1-26)。

(3) 图面处理(见图 1-27)。

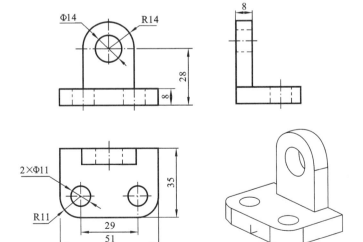

图 1-24　机座

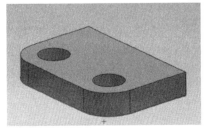

图 1-25　创建底座

图 1-26　创建背板

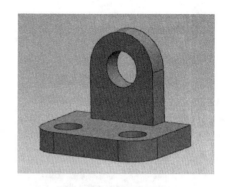

图 1-27　图面处理

单 元 小 结

本单元主要介绍 UG NX 8.5 基础知识,主要包括 UG NX 8.5 的常用模块、工作界面、菜单、鼠标的使用、文件操作、设计的一般程序、简单零件的三维建模等。本单元所讲述的内容是后面进行 UG NX 造型的基础,希望读者仔细理解本单元的内容,勤加练习,只有这样才能真正提高自己的建模能力。

思考与习题

1. UG NX 8.5 系统按照功能可分为哪几个功能模块？如何在不同功能模块之间进行转换？

2. 在 UG NX 8.5 中,提示栏和状态栏有什么作用？一般位于绘图区的上方还是下方？如何改变其位置？

3. 如何将 UG NX 8.5 软件中的模型文件导出？

4. 简述利用鼠标观察视图的方法？

5. 用 UG 的建模模块完成图 1-28 所示"机座"的实体造型设计。

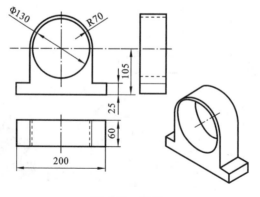

图 1-28　机座

第2单元　曲线与草图绘制

　　本单元介绍 UG NX 8.5 曲线与草图绘制的基本操作方法和操作技巧,主要内容包括:基本曲线的绘制与编辑,草图的基本环境、创建草图的基本流程、草图的绘制与约束、草图的编辑操作法等。

　　基本曲线编辑方法是非参数化建模中最常用的工具,它可以在三维建模环境中进行绘制和编辑各种曲线,具体包括轮廓、直线、圆弧、圆、矩形、样条曲线、二次曲线等。草图绘制则是在二维环境中进行绘制和编辑各种曲线,几乎所有的零件设计都是从草图开始的,绘制二维草图是三维实体建模的基础,是本书的重点,学习过程中一定要仔细领悟,以便在草图绘制过程中能够灵活运用各种操作技巧及方法。

本单元学习目标

(1) 了解曲线和草图在建模中的功能。

(2) 熟练掌握草图工作平面的创建方法。

(3) 掌握草图的基本操作和约束功能。

(4) 掌握草图编辑的操作方法。

(5) 掌握各种曲线的绘制方法。

(6) 掌握各种曲线的编辑方法。

(7) 能够绘制各种截面草图以及简单零件的线框图形。

项目 2-1　绘制弯板曲线

2.1.1　学习任务和知识要点

1. 学习任务

完成如图 2-1 所示弯板曲线的绘制。

2. 知识要点

(1) 直线、圆、圆弧绘制。

(2) 快速修剪、圆角等基本曲线编辑方法的操作。

2.1.2　相关知识点

1. 直线 /

"直线"命令用于直接在三维建模环境下绘制精确长度和位置的直线特征。在工具栏中,单击"直线"图标 ✏，或者选择"插入"→"曲线"→"直线"命令，系统自动弹出"直线"对话框（见图 2-2），其主要选项如下。

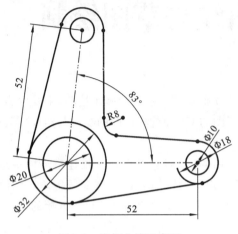

图 2-1　弯板曲线示意图

图 2-2　"直线"对话框

（1）起点。UG NX 8.5 提供了两种定义起点的方法，如图 2-3 所示。

◆ 点　该选项下可以选择已经存在的特征点或者通过坐标值来定义直线起点。

◆ 相切　该选项下可以选择已经存在的圆弧或圆或样条曲线的切点定义为直线起点。

（2）终点和方向。UG NX 8.5 提供了 7 种定义终点的方法，如图 2-4 所示。

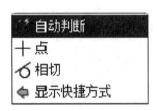

图 2-3　起点定义

图 2-4　终点定义方式

◆ 点　该选项下可以选择已经存在的特征点或者通过坐标值来定义直线终点。

◆ 相切　该选项下可以选择已经存在的圆弧或圆或样条曲线的切点定义为直线终点。

◆ 成一角度　该选项下可以定义直线和指定存在对象形成指定角度。

◆ 沿 XC　该选项下可以定义直线与 XC 轴平行。

◆ 沿 YC　该选项下可以定义直线与 YC 轴平行。

◆ 沿 ZC　该选项下可以定义直线与 ZC 轴平行。

◆ 法向　该选项下可以定义直线与指定平面的法向平行。

（3）支持平面。该选项可以进行绘图平面的选择。默认为自动平面，系统根据用户的操作自动选择绘图平面，也可以根据需要选择绘图平面。

2. 圆弧/圆

圆弧/圆命令用于直接在三维建模环境下绘制精确半径和位置的圆弧或圆特征。在工具栏中,单击"圆弧/圆"图标，或者选择"插入"→"曲线"→"圆弧/圆"命令,打开"圆弧/圆"对话框,如图 2-5 所示。其主要选项如下。

图 2-5　"圆弧/圆"对话框

(1) 类型。UG NX 8.5 提供了两种定义圆弧和圆的方法:三点画圆弧和从中心开始的圆弧/圆;"三点画圆弧"方式下需要定义圆弧上的 3 个点(起点、端点和中间点)来绘制圆弧或圆,"从中心开始的圆弧/圆"方式下需要定义圆弧的中心点位置和半径来绘制圆弧或圆。

(2) 大小。指定圆弧或圆的半径值,"三点画圆弧"方式不用定义半径值,"从中心开始的圆弧/圆"方式需要定义半径值。

(3) 支持平面。该选项可以进行绘图平面的选择。默认为自动平面,系统根据用户的操作,自动选择绘图平面,也可以根据需要选择绘图平面。

(4) 限制。该选项用于指定圆弧的起点位置和终点位置来确定圆弧的长度,如果需要绘制整圆时,把"整圆"可选项勾上即可绘制整圆,如图 2-6 所示。

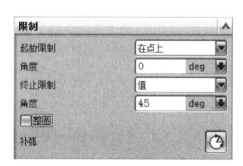

图 2-6　"限制"对话框

图 2-7　"基本曲线"对话框

3. 基本曲线

在"曲线"工具栏中单击"基本曲线"按钮，打开"基本曲线"对话框,如图 2-7 所示。该对话框包括"直线"、"圆弧"、"圆"、"倒圆角"、"修剪"和"编辑曲线参数"等曲线功能。

1) 直线

直线是指通过空间的任意两点产生一条线段。创建直线常用的方法有三种。

(1) 绘制空间任意两点直线。该方法是通过在如图 2-8 所示"点方法"列表框中选择点的捕捉方式,自动在捕的两点之间绘制直线。绘制完直线后,单击"取消"按钮可以结束命令,单击"应用"按钮,可以继续绘制直线。

(2) 绘制成角度直线。当需要绘制和某条直线或基准轴成一定角度的直线时,可以使用这种方法完成。

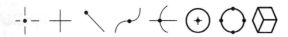

图 2-8　点方法

（3）绘制与坐标轴平行的直线。与坐标轴平行的直线常用于复杂曲面的线架创建上，创建方式有三种：与 XC 轴平行的直线、与 YC 轴平行的直线和与 ZC 轴平行的直线。如图 2-9 所示为绘制与 XC 轴平行的直线。

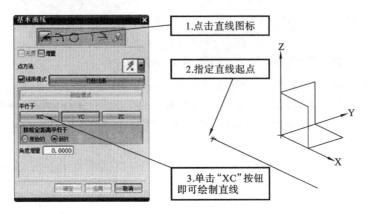

图 2-9　绘制与 XC 轴平行的直线

2）圆和圆弧

（1）"圆" ⬤ 绘制圆有两种方式。

◆ 利用圆心和圆上一点绘制圆　该方式通过依次捕捉两点中的一点为圆心，另一点为圆上一点确定半径绘制圆。缺省时在 XC-YC 平面或与 XC-YC 平面平行的平面绘制圆。

◆ 利用圆心、半径或直径绘制圆　该方式通过设置"跟踪条"的参数绘制圆。需要设置圆心的坐标值、半径值或直径值。

（2）"圆弧" 绘制圆弧有两种方式。

◆ 利用起点、终点和圆弧上的点绘制圆弧　该方式通过依次选取 3 个点分别作为圆弧的起点、终点和圆弧上的点来绘制圆弧。

◆ 利用中心、起点和终点绘制圆弧　该方式通过依次选取 3 个点分别作为圆弧的中心、起点和终点来绘制圆弧。

3）倒圆角

创建倒圆角有 3 种方式。

（1）简单倒圆角。该方式仅用于两条共面相交直线之间进行倒圆角，操作方法如图 2-10 所示。

（2）2 曲线倒圆角。该方式可以在空间任意两条曲线之间进行倒圆角的操作。操作方法如图 2-11 所示。

（3）3 曲线倒圆角。该方式下可以在同一平面内的三条相交的曲线之间进行倒圆角操作，即完全倒圆角。操作方法如图 2-12 所示。

4）修剪

修剪是指修剪曲线的多余部分到指定的边界对象，或者延长曲线的一端到指定的边界对象。单击"修剪"按钮可以打开"修剪曲线"对话框。其包括 6 个选项内容。

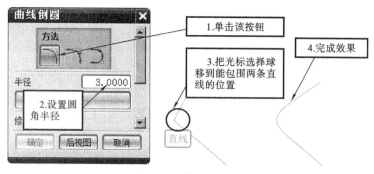

图 2-10　简单倒圆角

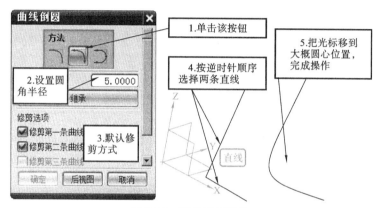

图 2-11　两曲线倒圆角

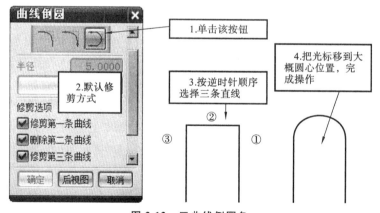

图 2-12　三曲线倒圆角

◆ 选择曲线　该选项用于指定要修剪或延伸的曲线。

◆ 边界对象 1　该选项用于指定第一条边界对象,必须指定的参数,至少要有一个边界对象。

◆ 边界对象 2　该选项用于指定第二条边界对象,为可选项,根据需要选择。

◆ 方向　该选项用于指定查找修剪或延伸交点的方法。

◆ 输入曲线　该选项用于修剪操作完成后对源曲线的处理方式,共有 4 种方式,可根据需要进行选择,缺省方式为"保持"方式。

◆ 曲线延伸段　该选项用于对样条曲线进行延伸时指定延长部分的创建方式,共有四种方式,可根据需要进行选择,缺省方式为"自然"方式。

修剪曲线的操作方法如图 2-13 所示。

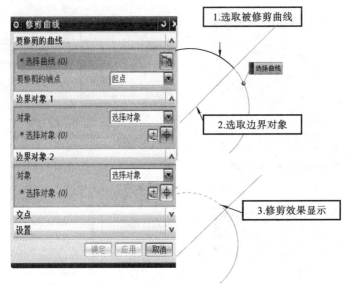

图 2-13　修剪曲线

2.1.3　操作步骤

1. 设计分析

弯板曲线主要轮廓是由圆、圆弧和直线组成。在绘制曲线时，可以先绘制定位基准线，接着绘制已知的图素圆和相切直线，再用修剪功能编辑曲线，接着用圆角功能创建过渡圆角。

2. 操作步骤

（1）新建模型文件。单击"新建"按钮 📄，在打开的"新建"对话框中输入文件名称为"wanban"，单位设置为"毫米"，注意要设置工作目录，NX 默认文件保存路径在 UG II 文件夹里，单击"确定"按钮，进入 UG NX 8.5 建模环境。

（2）将绘图平面定向到俯视图。单击"启动"按钮，在下拉菜单"所有应用模块"选择"建模"按钮 🔧，进入三维建模环境。这里需要注意的是，NX 8.5 的绝对基准坐标系在缺省时为隐藏状态，在导航工具条中右键单击"基准坐标系"，如图 2-14 所示，选择菜单中的"显示"才能看到基准坐标系。选取工作坐标系的"俯视图"为绘图平面，在绘图区域中任意位置单击右键

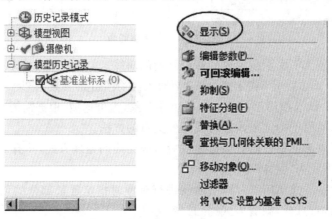

图 2-14　显示基准坐标系

弹出快捷菜单,选择"定向视图"中的"俯视图",如图 2-15 所示,即完成绘图平面的选择。

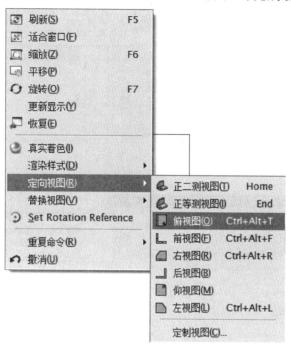

图 2-15　"定向视图"到"俯视图"

(3)绘制模板曲线基准参考线 1　用"直线" 命令绘制直线,该直线与 X 轴重合,长度为 52 mm,起点在坐标原点,如图 2-16 所示。

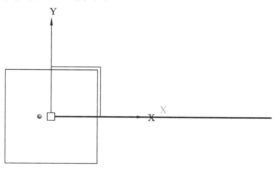

图 2-16　绘制基准参考线 1

(4)绘制弯板曲线基准参考线 2　用"直线" 命令绘制直线,该直线与 X 轴成 83°,长度为 52 mm,起点在坐标原点,操作过程如图 2-17 所示。

(5)把基准线的线型修改为点画线　操作过程如图 2-18 所示。

(6)绘制圆 Φ32、Φ20、2×Φ18 和 2×Φ10　操作过程如图 2-19 所示。

(7)绘制相切直线　使用方法"直线"命令 ,绘制过程如图 2-20 所示。

(8)倒圆角 R8　使用"插入"下拉菜单→"曲线"→"基本曲线"→"圆角"工具,绘制图形如图 2-21 所示。

(9)修剪多余曲线段　使用"插入"下拉菜单→"曲线"→"基本曲线"→"修剪"工具,绘制图形如图 2-22 所示。

UG NX 8.5 建模与加工项目式教程

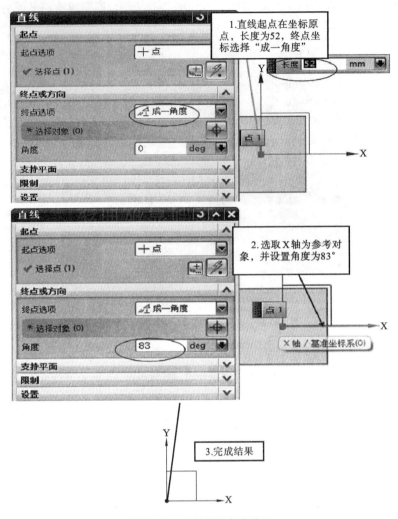

图 2-17　绘制基准参考线 2

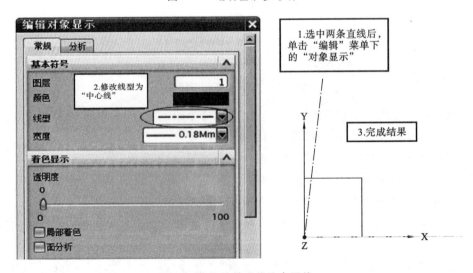

图 2-18　修改基准线为点画线

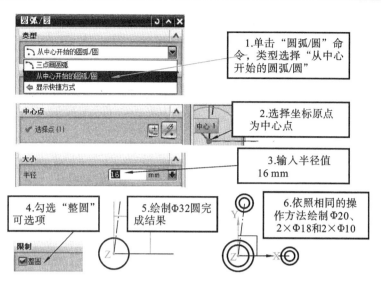

图 2-19　绘制圆 Φ32、Φ20、2×Φ18 和 2×Φ10

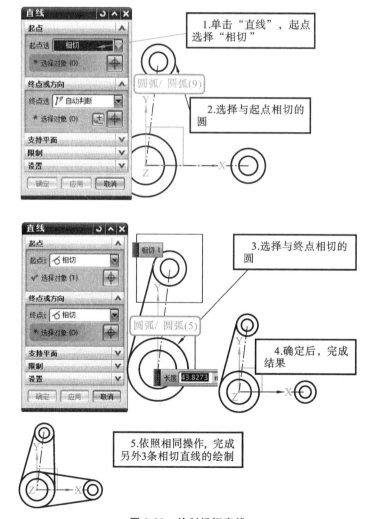

图 2-20　绘制相切直线

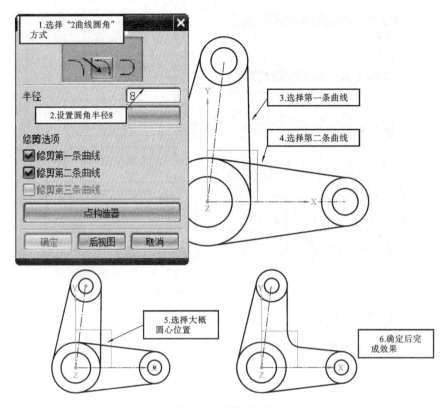

图 2-21　倒圆角 R8

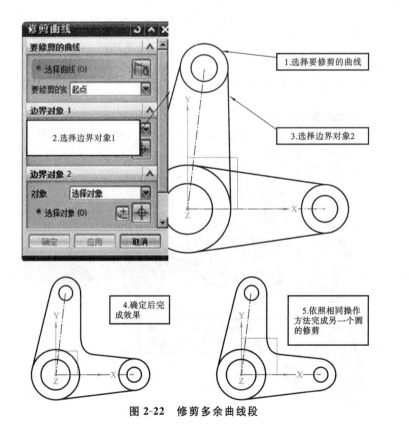

图 2-22　修剪多余曲线段

2.1.4　本项目操作技巧总结

通过"弯板曲线"的绘制,可以概括出以下几项知识和操作要点。

(1) 绘制基本曲线时,必须先使用定向视图功能把绘图平面进行确定。

(2) 绘图的一般流程为先绘制基准参考线,再绘制已知的几何图素,然后绘制中间连接几何图素,最后进行倒圆角、修剪等操作。

2.1.5　上机实践 2——直角板的绘制

本训练项目是用 UG 的基本曲线模块完成直角板绘制,如图 2-23 所示。直角板主要轮廓是直线、圆、圆弧和圆角。在绘制曲线时,把直角板的左下角点定在坐标原点,然后绘制已知的图素,然后用圆角功能创建过渡圆角,再用修剪功能编辑曲线。

操作步骤如下。

(1) 新建模型文件。单击"新建"按钮 ，在打开的"新建"对话框中输入文件名称为"zhijiaoban",单位设置为"毫米",注意要设置工作目录,NX 默认文件保存路径在 UGⅡ文件夹里,单击"确定"按钮,进入 UG NX 8.5 建模环境。

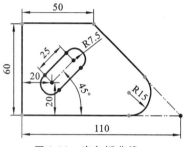

图 2-23　直角板曲线

(2) 绘制直角板曲线。将绘图平面定向到俯视图。单击"启动"按钮在下拉菜单"所有应用模块",选择"建模按钮 ，进入三维建模环境。在导航工具条中右键单击"基准坐标系",选择菜单中"显示"命令才能看到基准坐标系。在绘图区域中任意位置单击右键弹出快捷菜单,选择"定向视图"中的"俯视图",用"直线"、"圆角"、"圆"、"修剪"命令绘制直角板曲线。注意把直角板曲线的左下角点定在坐标原点。绘制过程如图 2-24 所示。

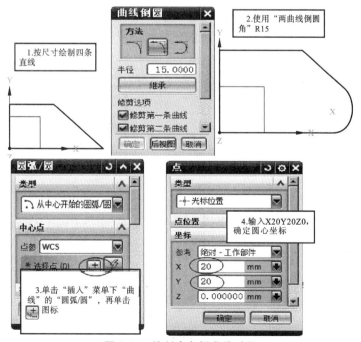

图 2-24　绘制直角板曲线过程

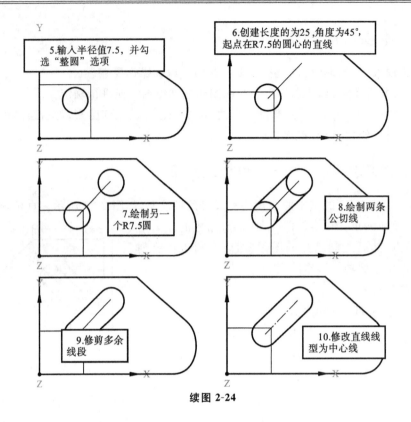

续图 2-24

项目 2-2　绘制机座线框

2.2.1　学习任务和学习目标

1. 学习任务

完成如图 2-25 所示机座线框。

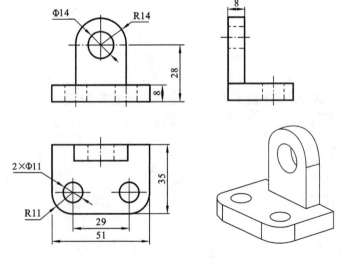

图 2-25　机座线框草图

2. 学习目标

（1）掌握基本曲线的绘制方法。

（2）掌握各种曲线的编辑方法。

（3）能够创建简单的曲线造型。

2.2.2 相关知识点

1. 矩形

UG NX 8.5 曲线工具中的"矩形"  工具提供了利用矩形的对角点创建矩形的方法。创建方法是依次选取矩形的两个角点，一个是矩形的左下角点，另一个是右上角点，即可创建完成矩形曲线，如图 2-26 所示。

图 2-26 利用对角点创建矩形曲线

2. 投影曲线

投影曲线可以将指定的曲线投影到曲面或基准平面上。例如将 XC-YC 平面的一个矩形投影到距离 XC-YC 平面上方 10 mm 的基准平面上，操作方法如图 2-27 所示。

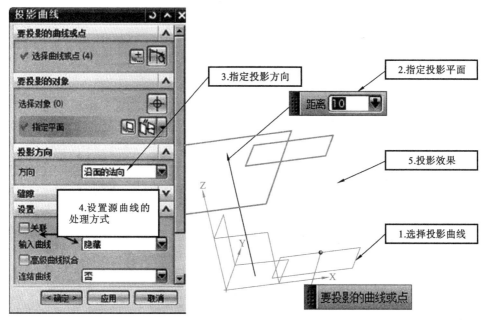

图 2-27 投影曲线

2.2.3 操作步骤

1. 设计分析

机座线框的主要轮廓是圆、圆弧和直线，其结构主要由底板、支撑板和通孔组成。在绘制该图形时,可以先绘制底板线框,接着绘制支撑板线框,再绘制孔,最后根据需要进行编辑修改。

2. 操作步骤

(1) 创建底板线框   利用"矩形"、"圆"、"圆角"、"直线"和"投影曲线"工具,以"俯视图"为绘图工作平面,绘制图形操作过程如图 2-28 所示。新建文件,命名为"jizuoxiankuang",进入三维建模环境,将绘图平面定向到俯视图。

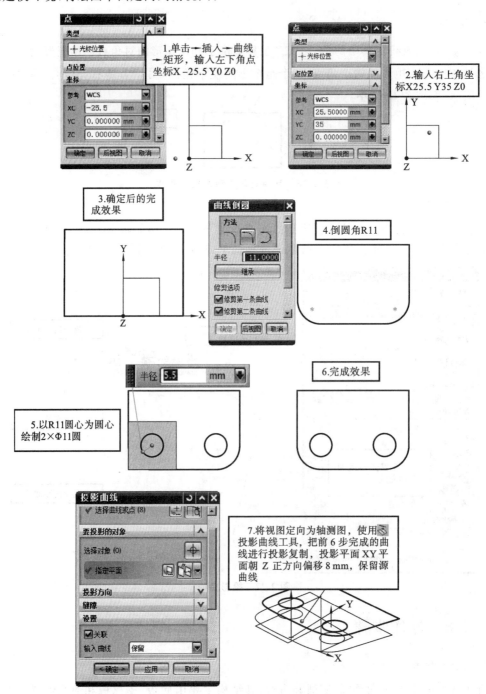

图 2-28   底座线框绘制过程

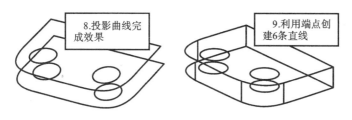

续图 2-28

（2）创建支撑板。利用"直线"、"圆"、"投影曲线"、"修剪"工具,将定向视图设置为"正等轴测图",绘制图形操作过程如图 2-29 所示。

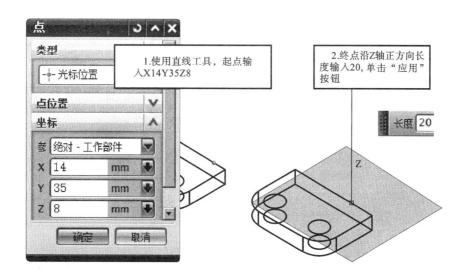

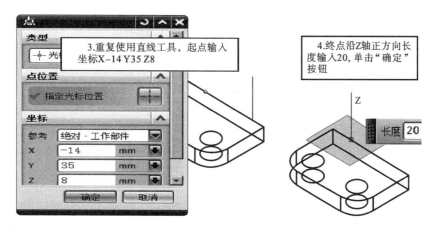

图 2-29　绘制支撑板

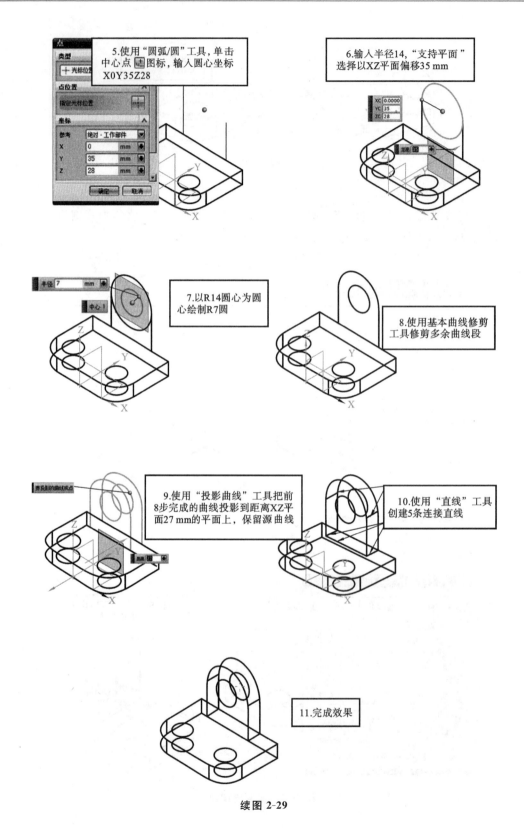

续图 2-29

2.2.4　本项目操作技巧总结

通过"机座线框"的绘制,可以概括出以下几项知识和操作要点。

(1) 绘制线框时,必须首先确定好图形所在的平面,需要几个草图时,必须明确几个图形所在平面之间的相互关系和位置。

(2) 绘制线框要注意灵活运用曲线的绘制和编辑方法,例如镜像曲线、曲线投影、修剪、偏置曲线等,这样有利于提高绘图效率。

2.2.5　上机实践 3——支撑板线框的绘制

本项目训练使用 UG 的草图功能完成如图 2-30 所示支撑板线框草图的绘制。

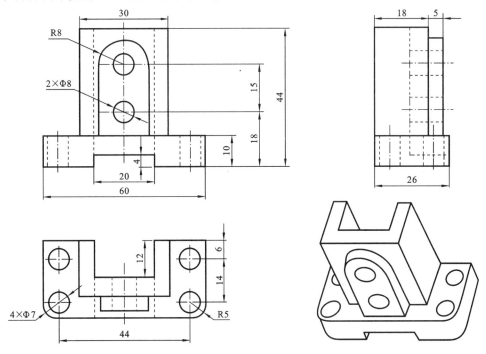

图 2-30　支撑板线框草图

操作步骤如下。

(1) 创建底板线框。将视图定向到"俯视图",操作过程如图 2-31 所示。

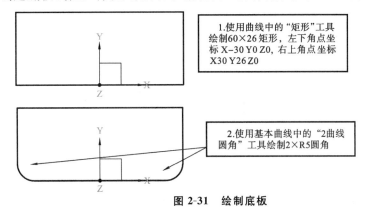

图 2-31　绘制底板

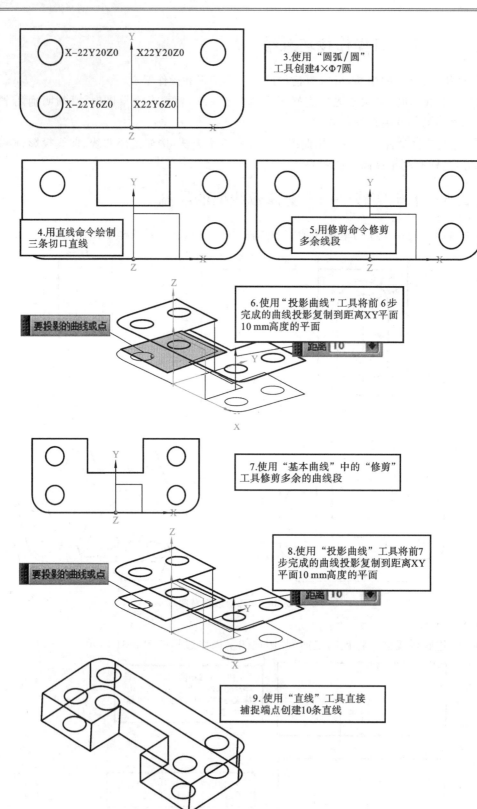

3.使用"圆弧/圆"工具创建4×Φ7圆

4.用直线命令绘制三条切口直线

5.用修剪命令修剪多余线段

6.使用"投影曲线"工具将前6步完成的曲线投影复制到距离XY平面10 mm高度的平面

7.使用"基本曲线"中的"修剪"工具修剪多余的曲线段

8.使用"投影曲线"工具将前7步完成的曲线投影复制到距离XY平面10 mm高度的平面

9.使用"直线"工具直接捕捉端点创建10条直线

续图 2-31

（2）创建底板切口 20×4。将视图定向到"前视图"，操作过程如图 2-32 所示。

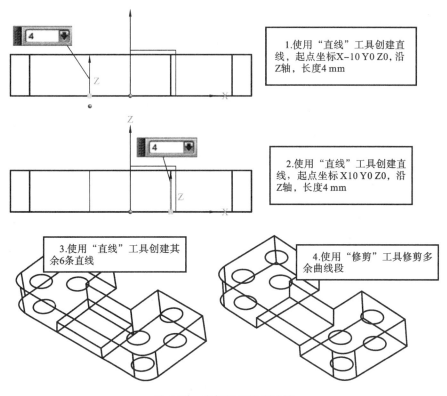

图 2-32　底板切口绘制过程

（3）创建"凹"形板。将视图定向为"俯视图"，绘图操作过程如图 2-33 所示。

提示：有些曲线由于存在前后关联，不能进行修剪或删除时，可以将其隐藏。

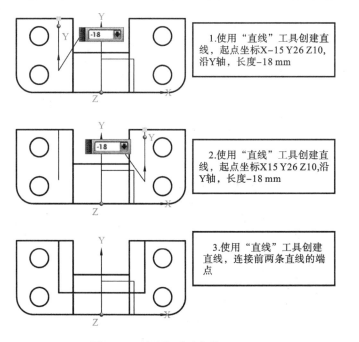

图 2-33　创建"凹"形曲线

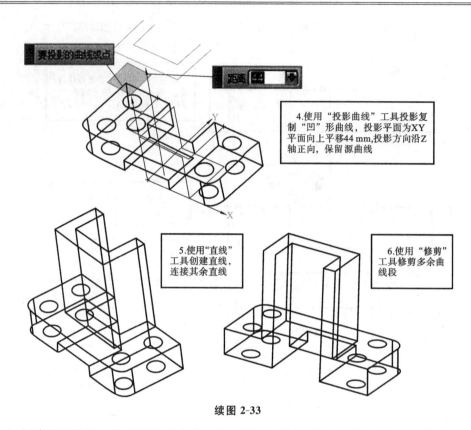

4.使用"投影曲线"工具投影复制"凹"形曲线,投影平面为XY平面向上平移44 mm,投影方向沿Z轴正向,保留源曲线

5.使用"直线"工具创建直线,连接其余直线

6.使用"修剪"工具修剪多余曲线段

续图 2-33

（4）创建"U"形板。将视图定向为"正等轴测图",绘图操作过程如图 2-34 所示。

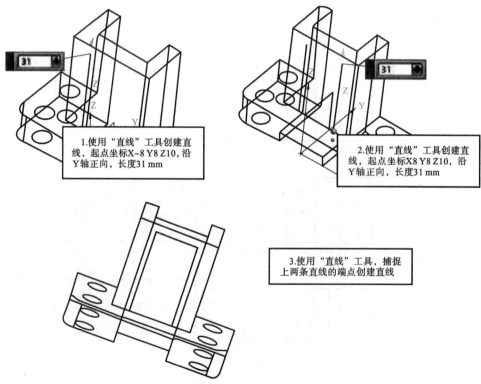

1.使用"直线"工具创建直线,起点坐标X-8 Y8 Z10,沿Y轴正向,长度31 mm

2.使用"直线"工具创建直线,起点坐标X8 Y8 Z10,沿Y轴正向,长度31 mm

3.使用"直线"工具,捕捉上两条直线的端点创建直线

图 2-34　绘制"U"形板

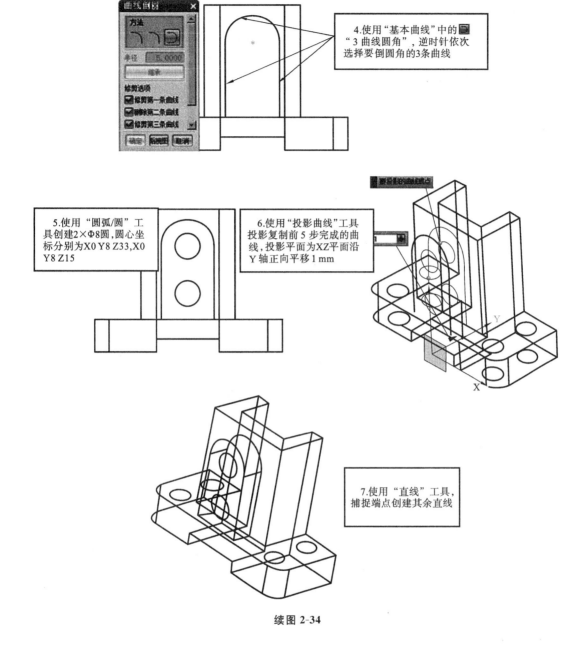

续图 2-34

项目 2-3　绘制扳手草图

2.3.1　学习任务和知识要点

1. 学习任务

完成如图 2-35 所示扳手草图。

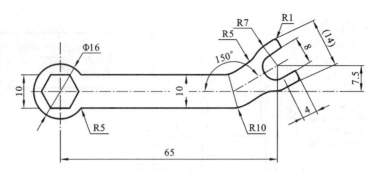

图 2-35   扳手草图

2. 知识要点

（1）直线、圆、圆弧、多边形绘制。

（2）快速修剪、圆角、拐角、镜像曲线等编辑方法的操作。

（3）草图约束功能的使用。

2.3.2   相关知识点

1. 草图的定义

草图是指在某个指定的工作平面上绘制点、直线、圆弧、曲线等二维几何图形的总称。在进行三维实体建模时，必须要完成相应二维草图截面，才能进行拉伸或旋转等建模操作。

在"特征"工具栏中，单击"草图"按钮，进入草图环境，并打开"创建草图"对话框，在对话框中指定草图工作平面进行草图绘制，如图 2-36 所示。

图 2-36   草图界面

UG NX 8.5 提供了两种创建草图工作平面的方法。

（1）在平面上。该选项下创建工作平面方式是指以平面为参照面创建所需要的草图工作平面，在"平面方法"下拉列表提供了 3 种指定工作平面的方式。如图 2-37 所示。

◆ 现有平面　现有平面方式可指定任意的基准平面或实体模型中的任意平面,注意不能是曲面。

◆ 创建平面　可以利用现有的工作坐标平面、基准平面或实体平面作为参照创建出新的平面作为草图工作平面。也可以利用现有的点、线、实体表面的边线作为参照并设计相关参数创建出新的平面为草图工作平面。UG NX 8.5 提供了 12 种创建工作平面的方式,如图 2-38 所示。

图 2-37　平面选项

图 2-38　工作平面创建方式

图 2-39　基准坐标系创建方式

◆ 创建基准坐标系　选择该方式可以创建一个基准坐标系,并选取该坐标系上的基准平面作为草图工作平面。在"平面方法"下拉列表选择"创建基准坐标系",单击图标,可根据 UG NX 8.5 提供的如图 2-39 所示基准坐标系创建方式,创建所需要的坐标系,然后即可使用基准坐标系的基准平面作为草图工作平面。

(2)基于路径。该选项下可以利用直线、圆、实体边线、样条曲线等曲线为路径,通过与路径设置垂直或平行的方位关系创建草图工作平面。图 2-40 所示是以一条空间曲线为路径轨迹创建草图工作平面。注意用这种方式创建草图平面时,必须已经创建了提供选择的线段、圆弧、实体边线等路径轨迹。

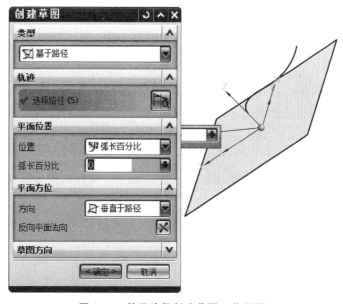

图 2-40　基于路径创建草图工作平面

◆ 轨迹　选择路径轨迹。

◆ 平面位置　在轨迹长度的百分比处设置创建草图平面的位置。

◆ 平面方位　指定所创建的草图平面与路径轨迹为垂直或平行的方位关系。

图 2-41　"点"对话框

2. 点

点是最小的几何构造图元，单击草图工具图标"点"按钮 ✛，打开"点"对话框，如图 2-41 所示。UG NX 8.5 提供三种方式创建点。

◆ 类型　通过捕捉方式来选择点，系统提供了端点、交点、象限点、圆心等 11 种方式。

◆ 坐标　通过设置点的绝对坐标值或工作坐标值来创建点。

◆ 偏置　通过偏置的方式创建点。

3. 配置曲线

配置曲线可以绘制连续的直线和圆弧，利用"配置文件" ⬭ 工具绘制的连续线段是首尾连接的，系统自动进行首尾重合的约束，有利于提高绘图的效率。如图 2-42 所示，在"轮廓"的"对象类型"中可以进行直线和圆弧的切换。

图 2-42　"轮廓"对话框

4. 圆/圆弧

利用"圆/圆弧"命令可以在草图环境中绘制圆与圆弧曲线。

（1）圆。在草图工具栏中单击"圆"按钮 ⊙，打开"圆"对话框。NX 提供了两种方法绘制圆。

◆ 圆心和直径画圆 ⊙　该方法通过指定圆心和直径绘制圆。

◆ 三点画圆 ⊙　该方法是通过在绘图区域选取任意三个点来创建圆。

（2）圆弧。在草图工具栏中单击"圆"按钮 ⌐，打开"圆"对话框。UG NX 提供了两种方法绘制圆弧。

◆ 三点画圆弧 ⌐　该方法是在绘图区域依次选取三个点分别作为圆弧的起点、端点和圆弧上的一点来创建圆弧曲线。

◆ 指定圆心、起点和扫略角度画圆弧 ⌐　该方法是通过依次选择两个点分别作为圆弧的圆心和起点，并输入扫掠角度来绘制圆弧。

5. 多边形

"多边形" ⊙ 功能可以绘制三条边以上的正 N 边形。如图 2-43 所示，利用"多边形"工具绘制一个正六边形。

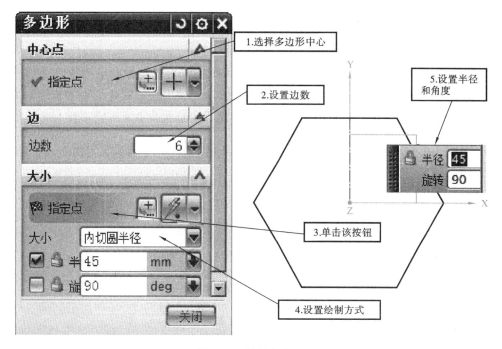

图 2-43　绘制多边形

6．快速修剪

"快速修剪"功能可以任一方向将曲线修剪至最近的交点或修剪至选定的边界。UG NX 提供了单独修剪、动态修剪和边界修剪三种方式对草图图元进行修剪操作。

◆ 单独修剪　使用该命令时,所有相交的曲线都会临时成为独立的线段,光标移动到要修剪的曲线后,该曲线会高亮显示,选中即可删除。该方式也可以删除独立的图素,相当于删除功能。该方式为缺省修剪方式。

◆ 动态修剪　该方式是利用拖动鼠标左键不放划过要修剪的曲线,只要和该轨迹有相交关系的曲线将会被修剪。该方式也为缺省修剪方式,与单独修剪方式相比,只是鼠标的操作不一样。

◆ 边界修剪　该方式可通过先选取指定任意曲线为边界曲线,然后用鼠标左键选择要修剪的曲线部分即可完成操作。

7．圆角

"圆角"功能可以在两条或三条曲线之间添加圆角,圆角的半径可以按系统提示直接输入,也可以接受系统默认的圆角半径。单击"圆角"工具,打开"圆角"对话框,如图 2-44 所示,

图 2-44　圆角对话框

选项说明如下。

◆ 修剪 该方式为创建圆角时,系统自动修剪圆角后的多余的尖角部分。

◆ 取消修剪 该方式为创建圆角时,保留圆角后的尖角部分。

◆ 删除第三条曲线 该方式主要是在进行倒全圆角时,是否要删除第三条曲线。

如图 2-45 所示为倒全圆角时操作方法。注意倒圆角时,系统默认为逆时针方向创建圆角,因此选择曲线的顺序要正确,不用输入半径值,系统会自动给出半径值。

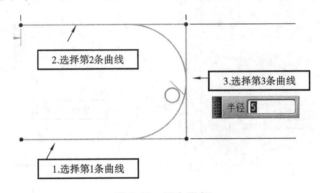

图 2-45 倒全圆角

8. 镜像曲线

利用"镜像曲线"工具可以通过以现有的草图直线为对称中心线,创建选择对象几何的镜像副本。该工具常用于对称图形的绘制,可以显著提高绘制效率。单击"镜像曲线"按钮,打开"镜像曲线"对话框,依次选取要镜像的曲线和中心线,确定后即可完成镜像操作。操作方法如图 2-46 所示。

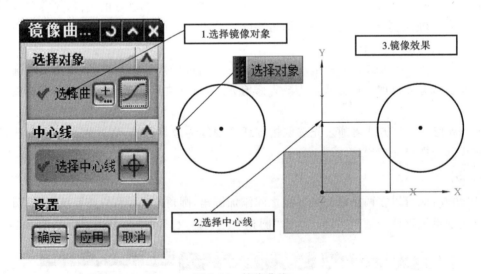

图 2-46 镜像曲线

9. 草图约束

草图是 UG NX 8.5 实体建模的基础,而约束则是草图实现参数化设计的关键。草图约束包括尺寸约束和几何约束。通过添加尺寸约束和几何约束可完整地表达设计意图,并可进行参数化尺寸驱动。

（1）约束对象。约束对象有下列几种。

◆ 直线　约束直线的两个端点或长度，需要 4 个约束。

◆ 圆　约束圆心位置和直径，需要 3 个约束。

◆ 圆弧　约束圆弧的圆心位置、半径和端点，需要 5 个约束。

◆ 圆角　约束圆心位置和半径，需要 5 个约束。

◆ 样条曲线　约束控制点的位置，每个控制点要两个约束。

（2）几何约束。几何约束是指几何元素之间必须满足的几何关系，各个草图元素通过几何约束得到需要的定位效果，UG NX 包括以下几种几何约束，如图 2-47 所示。几何约束分为自动约束和手动约束。自动约束是系统根据设置对创建的草图图素进行自动约束。

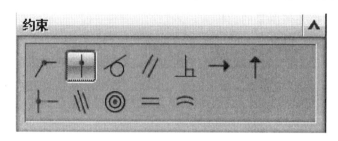

图 2-47　几何约束

◆ 重合 　定义两个或两个以上的点相互重合，这里的点可以是绘制的点对象，也可以是草图对象的关键点，如端点、圆心、控制点等。

◆ 点在线上 　定义选取的点在指定曲线上，这里的点可以是绘制的点对象，也可以是草图对象的关键点，如端点、圆心、控制点等。

◆ 相切 　定义两个图素相切，曲线和圆弧相切或圆弧和圆弧相切。

◆ 平行 　定义两条曲线平行。

◆ 垂直 　定义两条曲线垂直。

◆ 水平 　定义直线为水平线，与草图坐标系 XC 轴平行。

◆ 垂直 　定义直线为竖直直线，与草图坐标系 YC 轴平行。

◆ 中点 　定义点在直线或圆弧的中点。

◆ 共线 　定义两条或多条直线共线，或定义直线与草图坐标轴共线。

◆ 同心 　定义两个或两个以上的圆弧或椭圆弧的圆心重合。

◆ 等长 　定义两条或多条曲线等长度。

◆ 等半径 　定义两个或多个圆弧或圆的半径相等。

图 2-48　尺寸约束

（3）尺寸约束。草图的尺寸约束可以进行手动约束或自动约束，手动尺寸约束相当于尺寸标注，用于限制草图几何元素的位置和形状，尺寸约束的类型如图 2-48 所示。自动约束则是系统按照缺省方式进行自动尺寸约束，用户可以根据需要添加手动尺寸约束。

◆ 自动判断尺寸　系统根据光标的位置进行智慧型尺寸标注。

◆ 水平尺寸　约束 XC 方向的尺寸。

◆ 竖直尺寸　约束 YC 方向的尺寸。

◆ 平行尺寸　约束两点之间距离的尺寸。

◆ 垂直尺寸　约束点与直线之间的距离尺寸。

◆ 角度尺寸　约束两条直线之间的角度尺寸。

◆ 直径尺寸　约束圆或圆弧的直径尺寸。

◆ 半径尺寸　约束圆或圆弧的半径尺寸。

◆ 周长尺寸　约束几何图素的总长。

(4) 编辑草图约束。当对草图进行尺寸约束或几何约束完成后,如果需要查看或者修改草图已有的几何约束类型时,可以利用"显示所有约束"功能显示已经存在的约束进行查看;也可以利用"显示/移除约束"功能移除指定的几何约束。如果需要修改尺寸约束,只需要用鼠标双击要修改的尺寸,重新输入数值即可。

10. 转换至/自参考对象

利用该功能可以将草图中的曲线或尺寸转换为参考对象。在绘制草图时,经常会把基准直线或定位圆转换为参考几何中心线。单击"转换至/自参考对象"按钮，然后选取绘图区域中要转换的对象即可完成操作。

2.3.3　操作步骤

1. 设计分析

扳手主要轮廓是直线、圆、圆弧和多边形。扳手的手柄部分是基本对称的。绘制时,可以绘制一半,再用"镜像曲线"工具复制另一半,提高绘图效率。在绘制草图时,把多边形的中心定在坐标原点,接着绘制已知的图素,再用修剪功能编辑草图,接着用圆角功能创建过渡圆角,最后根据需要进行尺寸约束和几何约束的编辑修改。

2. 操作步骤

(1) 新建文件命名为 banshou_sketch.prt,并设置工作目录,确定后进入建模绘图界面,单击"插入"菜单中"草图"按钮，进入草图环境,选择 XC-YC 为草图工作平面,以基准坐标系原点为绘图基准,绘制正六边形和 Φ16 mm 圆,注意工具图标没有"多边形"工具,在"插入"下拉菜单的"草图曲线"单击"多边形"工具,绘制过程如图 2-49 所示。

小提示:注意绘制草图时,把"自动判断约束"功能开启,这样有利于提高绘图效率。如果不习惯系统的"连续自动标注尺寸"功能，可以将该功能关闭,采用手动尺寸标注。

(2) 绘制参考几何中心线。扳手的草图基本上是对称的,在绘图时可以绘制一半,利用镜像工具创建另一半,可提高绘图效率。操作过程如图 2-50 所示。

(3) 绘制扳手曲线上半部分。操作过程如图 2-51 所示。

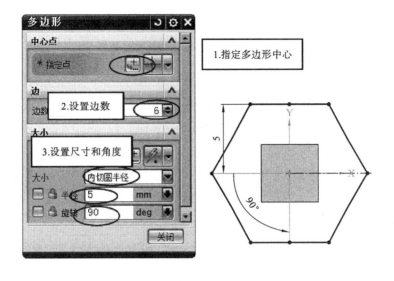

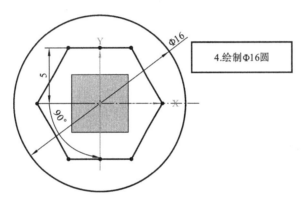

图 2-49　绘制内六角孔和 Φ16 圆

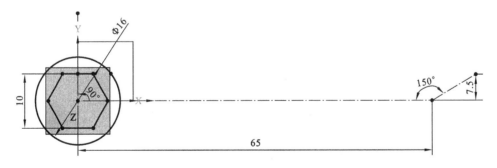

图 2-50　绘制参考几何中心线

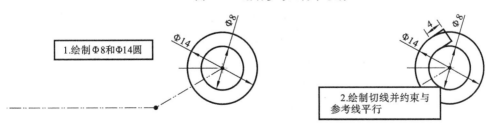

图 2-51　扳手草图操作步骤

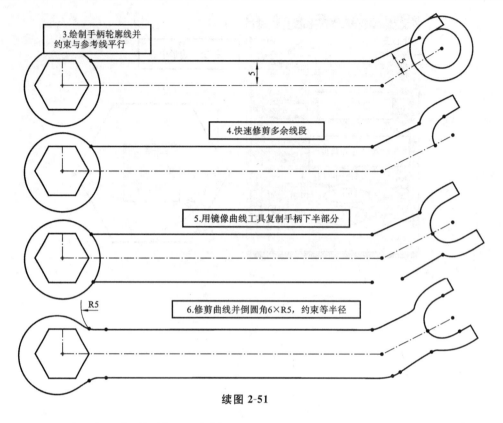

续图 2-51

2.3.4　本项目操作技巧总结

通过扳手的草图绘制,可以概括出以下几项知识和操作要点。

(1) 分析草图时,要注意草图的结构特点,要注意草图是否是对称的图形,如果图形是对称的,通常只需画一半,另一半使用镜像复制即可。

(2) 绘制草图要注意灵活运用草图编辑方法,例如快速修剪、拐角、圆角、镜像曲线等工具,这样有利于提高绘图效率。

2.3.5　上机实践 4——垫片草图的绘制

本项目训练使用 UG 的草图功能完成如图 2-52 所示垫片草图。

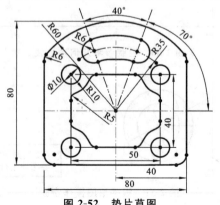

图 2-52　垫片草图

操作步骤：

（1）创建垫片外轮廓。外轮廓由矩形和圆弧组成，关于 YC 轴对称，圆弧的中心在坐标原点，操作过程如图 2-53 所示。

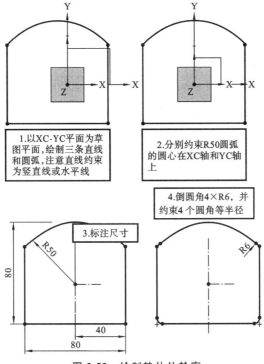

图 2-53　绘制垫片外轮廓

（2）绘制腰形孔。操作过程如图 2-54 所示。

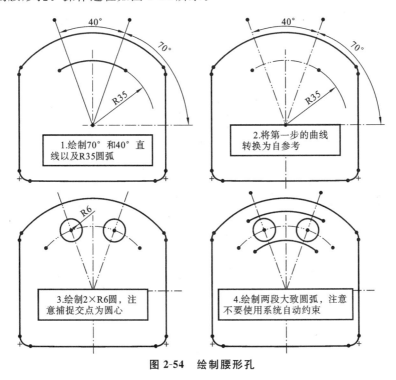

图 2-54　绘制腰形孔

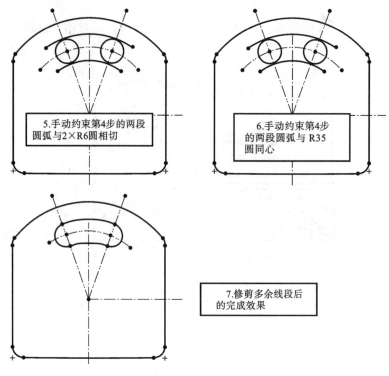

续图 2-54

（3）绘制矩形孔。操作过程如图 2-55 所示。

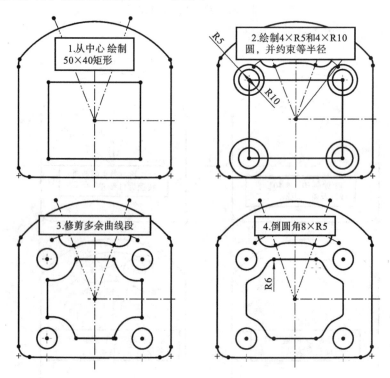

图 2-55 绘制矩形孔

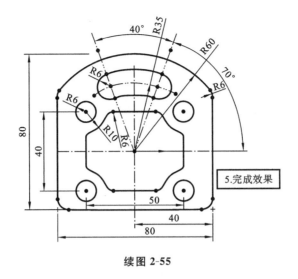

续图 2-55

2.3.6　上机实践 5——转子泵端盖草图的绘制

本项目训练使用 UG 的草图功能完成如图 2-56 所示的转子泵端盖草图。转子泵端盖草图主要由圆、圆弧和直线组成。在绘制草图时,Φ50 孔的圆心定在草图坐标原点,接着绘制已知的圆和圆弧,再绘制相切直线,接着用圆角功能创建过渡圆角,再用快速修剪工具修剪多余线段,最后根据需要进行尺寸约束和几何约束的编辑修改。

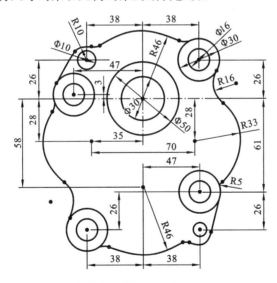

图 2-56　转子泵端盖草图

操作步骤:

(1) 新建模型文件。单击"新建"按钮 ,在打开的"新建"对话框中输入文件名称为"zhuanzibengduangai",单位设置为 mm,注意要设置工作目录,单击"确定"按钮,进入 UG NX 8.5 建模环境。

(2) 绘制圆 Φ30、Φ50、4×Φ16、4×Φ30、2×Φ10、2×R10、2×R46 和 2×R28 圆弧。操作过程如图 2-57 所示。

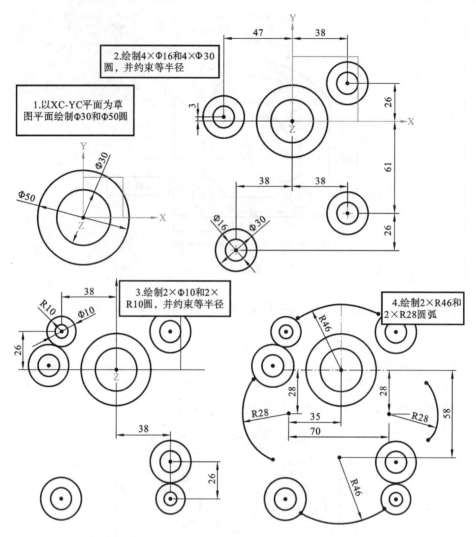

图 2-57　绘制圆 Φ30、Φ50、4×Φ16、4×Φ30、2×Φ10、2×R10、2×R46 和 2×R28

（3）绘制相切直线和倒圆角。操作过程如图 2-58 所示。

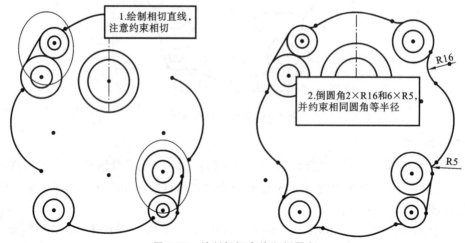

图 2-58　绘制相切直线和倒圆角

（4）快速修剪多余线段。操作过程如图 2-59 所示。

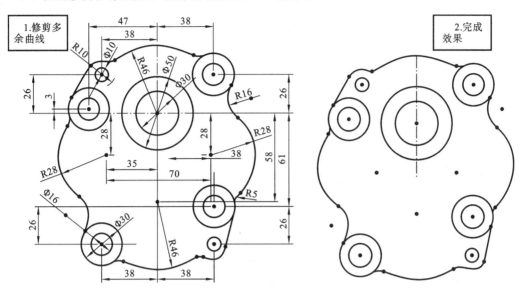

图 2-59　修剪多余线段

项目 2-4　绘制弯板草图

2.4.1　学习任务和知识要点

1. 学习任务

完成如图 2-60 所示弯板草图。

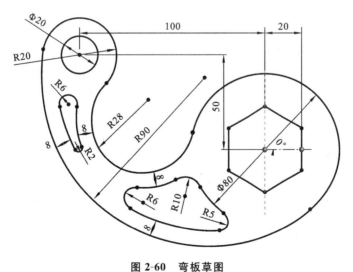

图 2-60　弯板草图

2. 知识要点

（1）掌握直线、圆、圆弧、多边形的绘制。

（2）掌握阵列曲线、镜像曲线、快速修剪、圆角、显示/移除几何约束等编辑方法的操作。

（3）掌握草图约束功能的使用。

2.4.2　相关知识点

1．镜像曲线

利用"镜像曲线"工具可以以现有的草图直线为对称中心线，创建选择对象几何的镜像副本。该工具常用于对称图形的绘制，可以显著提高绘制效率。单击"镜像曲线"按钮⬛，打开"镜像曲线"对话框，依次选取要镜像的曲线和中心线，确定后即可完成镜像操作。操作方法如图 2-61 所示。

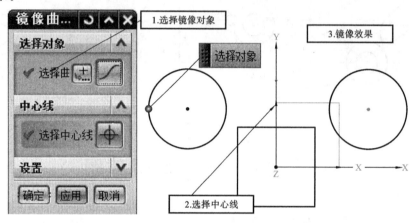

图 2-61　镜像曲线

2．阵列曲线

利用"阵列曲线"工具⬛可以对现有几何对象进行线性阵列、圆形阵列和常规阵列，该工具常用于有规则排列顺序的图形绘制。如图 2-62 所示为使用"阵列曲线"工具绘制 6×Φ20 圆。

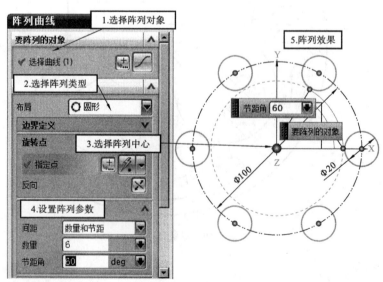

图 2-62　阵列曲线

3. 偏置曲线

"偏置曲线"工具可以将草图曲线按照指定的方向偏移指定距离并复制出一条或多条新的曲线副本。偏置对象可以是开放曲线和封闭曲线,开放曲线偏置后与原对象相同,封闭的曲线偏置后会放大或缩小。偏置的曲线可以和原对象设置"关联"或"不关联",设置"关联"时,当对原对象修改时,所偏置的曲线也会产生相应的修改。

2.4.3　操作步骤

1. 设计分析

弯板的主要轮廓是圆、圆弧和六边形,在绘制草图时,把多边形的中心定在坐标原点,接着绘制已知的图素,再用修剪功能编辑草图,然后用偏置曲线工具偏置曲线,接着用圆角功能创建过渡圆角,最后根据需要进行尺寸约束和几何约束的编辑修改。

2. 操作步骤

(1) 绘制正六边形、Φ80、Φ20 以及 R20 圆。把弯板的定位基准正六边形的中心定在坐标原点,草图平面选择 XC-YC 平面,操作过程如图 2-63 所示。

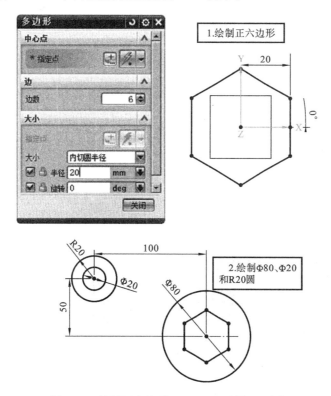

图 2-63　绘制正六边形、Φ80、Φ20 以及 R20 圆

(2) 绘制 R28 和 R90 圆弧。R28 圆弧可以直接在 R20 和 Φ80 圆之间倒圆角。R90 圆弧的绘制方法为先绘制大致三点圆弧,再分别约束与 R20 和 Φ80 圆相切。操作过程如图 2-64 所示。

(3) 绘制中间两个切口。操作过程如图 2-65 所示。

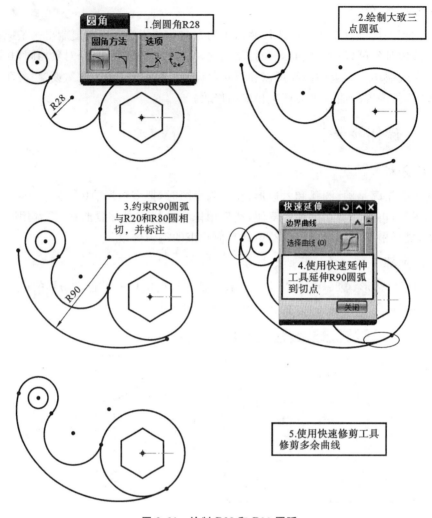

图 2-64 绘制 R28 和 R90 圆弧

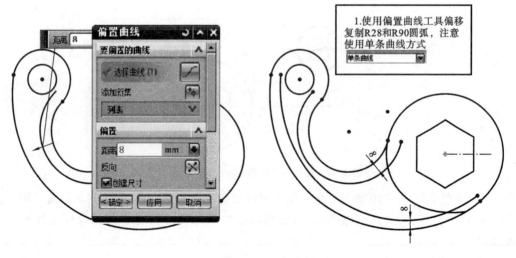

图 2-65 绘制中间两个切口

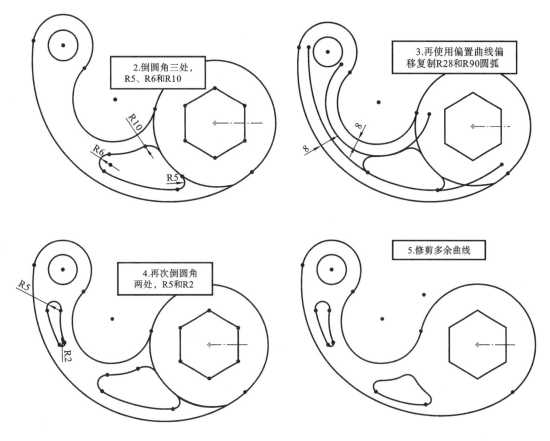

续图 2-65

2.4.4　本项目操作技巧总结

通过弯板的草图绘制,可以概括出以下几项知识和操作要点。

(1) 绘制草图时,要注意分析零件图几何特征和尺寸,找出定位基准、已知图形,先绘制定位基准,再绘制已知图形,接着绘制中间圆弧和直线,最后进行编辑修改。

(2) 绘制草图时,要注意对绘制的图形进行及时的尺寸约束和几何约束,有利于提高绘图效率。

2.4.5　上机实践6——模板草图的绘制

本项目训练使用 UG 的草图功能完成如图 2-66 模板草图。

操作步骤:

(1) 绘制模板草图下半部分。本例中的模板关于 XC 轴对称,因此绘制草图时,可以先绘制下半部分,再用"镜像曲线"工具复制另一半即可。草图平面选择 XC-YC 平面,操作过程如图 2-67 所示。

(2) 绘制模板草图另外一半。使用"镜像曲线" 工具复制另一半,完成模板草图,再重新标注对称尺寸。操作过程如图 2-68 所示。

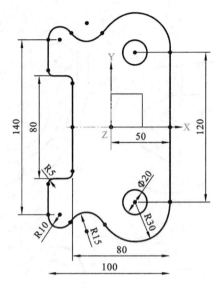

图 2-66　模板草图

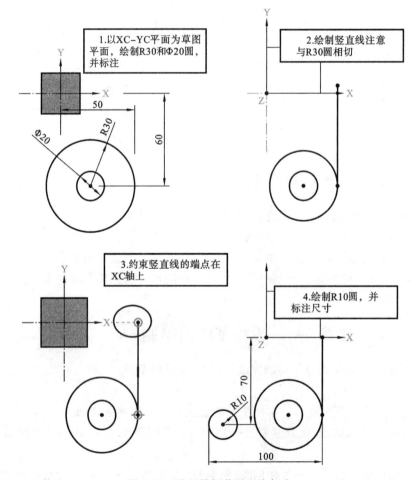

图 2-67　绘制模板草图下半部分

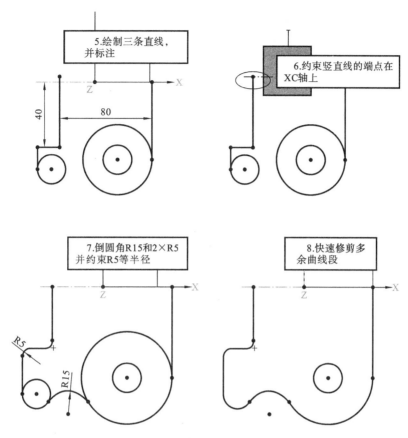

续图 2-67

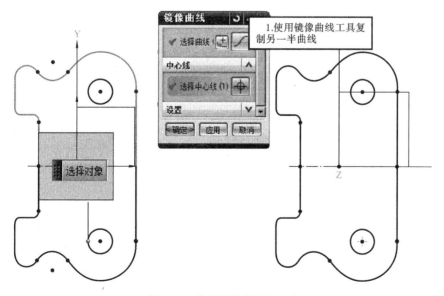

图 2-68　绘制模板草图另一半

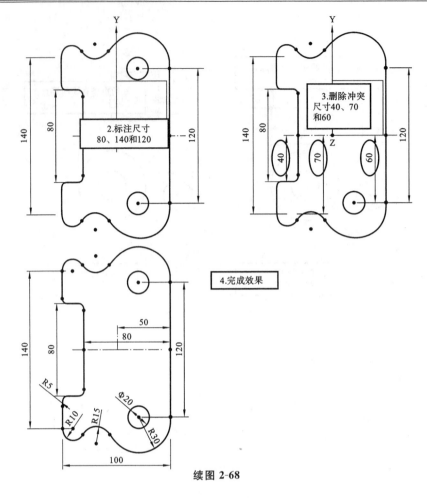

续图 2-68

2.4.6 上机实践 7——端盖平面草图的绘制

本项目训练使用 UG 的草图功能完成如图 2-69 所示的端盖平面草图。

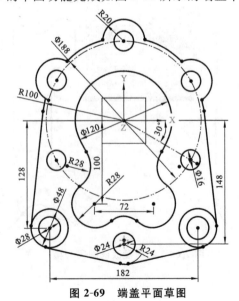

图 2-69 端盖平面草图

操作步骤：

（1）绘制定位参考对象。把端盖的定位基准 Φ120 的圆心定在坐标原点，绘制 30°直线以及 Φ188 定位圆，操作过程如图 2-70 所示。

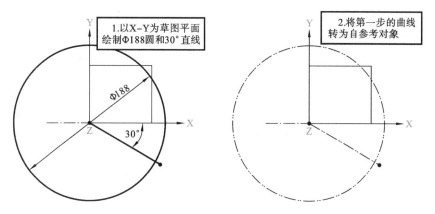

图 2-70　绘制定位参考对象

（2）绘制 5×Φ16 圆。5 个圆均匀分布在 Φ188 的圆周上，角间距为 60°，可以利用"阵列曲线"工具快速绘制。操作过程如图 2-71 所示。

（3）绘制 3×R20、R100、2×Φ28、2×Φ48、Φ24 和 R24 圆。操作过程如图 2-72 所示。

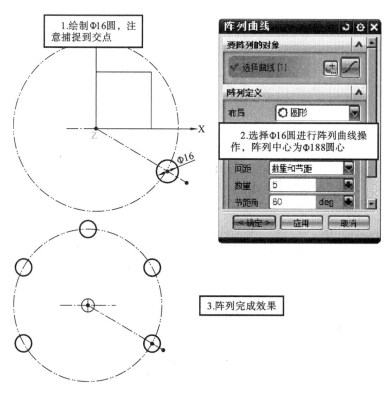

图 2-71　绘制 5×Φ16 圆

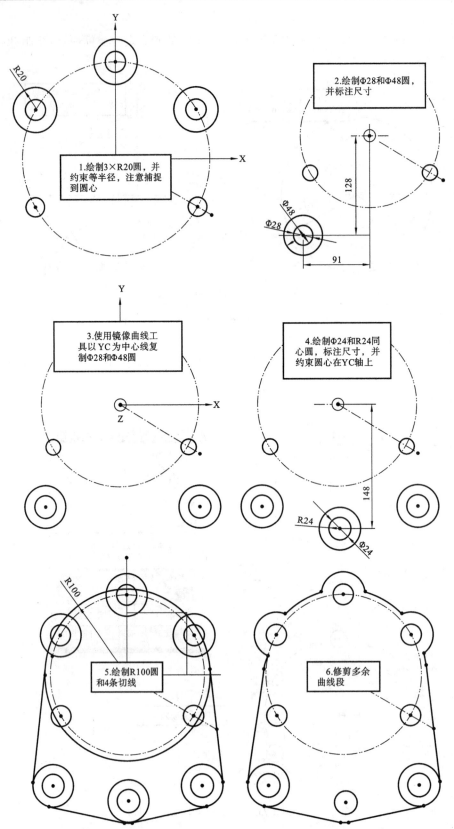

图 2-72 绘制 3×R20、R100、2×Φ28、2×Φ48、Φ24 和 R24 圆

（4）绘制中心切口。操作过程如图 2-73 所示。

（5）编辑尺寸标注。标注对称尺寸 182、72 并删除冲突尺寸 91 和 36。如图 2-74 所示。

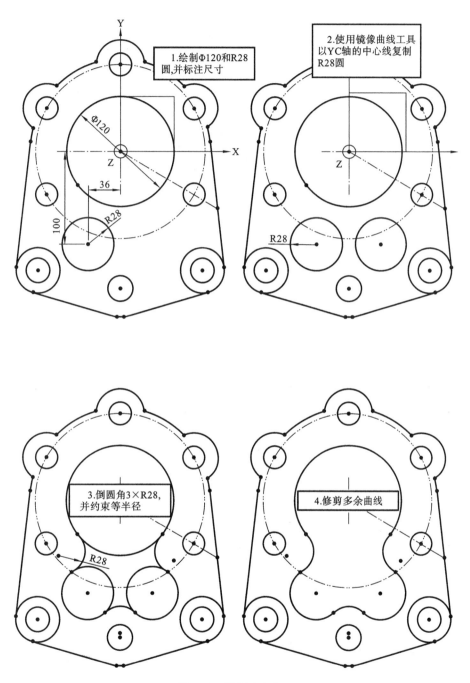

图 2-73　绘制中心切口

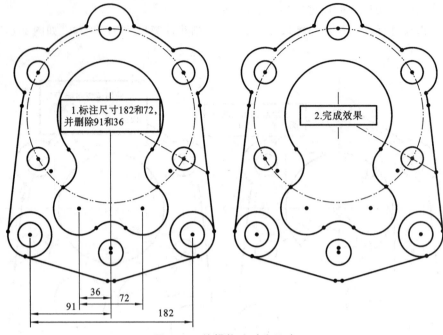

图 2-74 编辑修改对称尺寸

单 元 小 结

本单元主要介绍了 UG NX 8.5 基本曲线功能模块和草图的绘制方法。该单元使用的功能模块的内容是最基本也是最重要的内容,灵活运用二维曲线绘制和编辑方法能在三维实体建模中提高效率,达到事半功倍的效果。

思考与练习

1. 固定板线框的绘制。

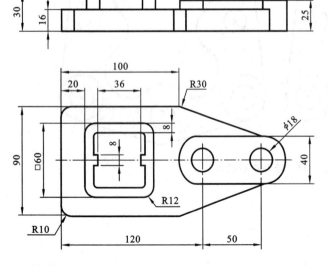

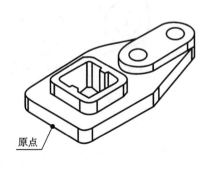

原点

2. 弯板的绘制。

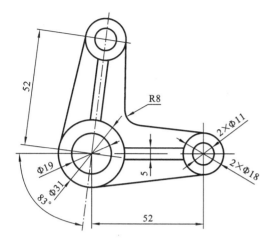

3. 连杆的绘制。

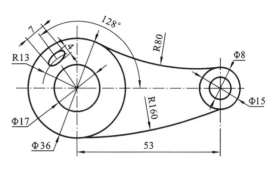

4. 六角扳手的绘制。

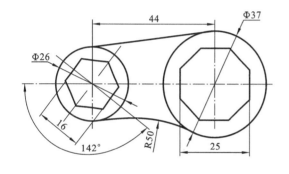

5. 吊钩的绘制。

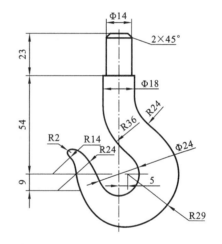

6. 连接板的绘制。

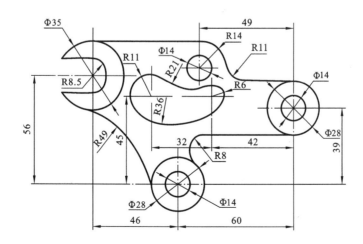

7. 支架的绘制。

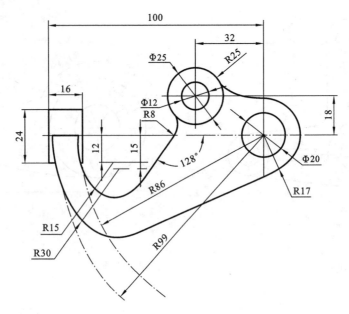

8. 曲线模板的绘制。

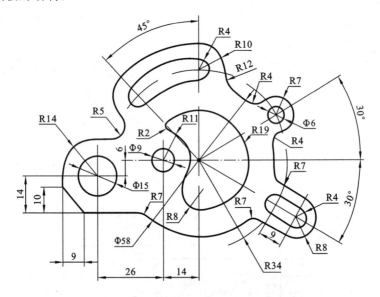

第3单元 实体建模设计

本单元通过项目介绍 UG NX 8.5 实体建模的基本操作方法和操作技巧,主要内容包括:实体建模的特点与方法,基本特征、拉伸特征、回转特征及扫掠特征等在建模中的应用,边特征、面特征、复制特征、修改特征等特征的操作方法及应用,以及特征的编辑方法等。

实体建模功能是 UG NX 8.5 的一个主要功能,也是本书的重点,学习过程中一定要仔细领悟,以便在实体建模操作过程中能够灵活运用各种操作技巧及方法。

本单元学习目标

(1)了解实体建模基本概念。

(2)熟练掌握各特征建模的创建方法。

(3)掌握各种特征操作方法。

(4)掌握特征编辑的操作方法。

(5)具备创建实体模型的能力。

项目 3-1 支座的设计

3.1.1 学习任务和知识要点

1. 学习任务

完成如图 3-1 所示支座的实体造型。

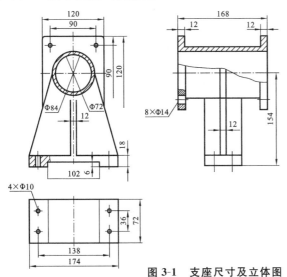

图 3-1 支座尺寸及立体图

2. 知识要点

（1）拉伸操作。

（2）孔的创建。

3.1.2 相关知识点

1. 拉伸

拉伸是将拉伸对象沿所指定的矢量方向拉伸到某一指定位置所形成的实体。拉伸对象可以是草图、曲线等二维元素。

在"特征"工具栏中，单击"拉伸"按钮，弹出"拉伸"对话框，如图 3-2(a)所示，操作效果如图 3-2(b)所示。其选项如下。

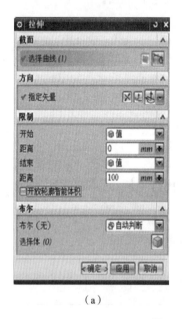

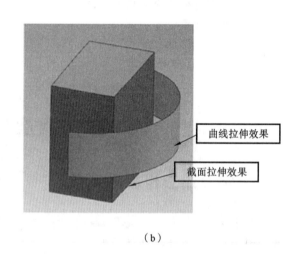

曲线拉伸效果

截面拉伸效果

（a）　　　　　　　　　　　　　　（b）

图 3-2　"拉伸"对话框及操作效果

（1）截面。选择创建拉伸的对象。

——绘制截面；

——选择已经完成的二维对象。

（2）方向。选择拉伸方向。

——矢量对话框，进入可以编辑矢量方向。

——矢量的选择方式。

（3）限制。限制特征的拉伸距离，其中"开始"选项包括"值"、"对称值"、"直至下一个"、"直至选定对象"、"直至被延伸"和"贯通"6 种形式。

（4）布尔。特征与特征之间进行操作，分别有"自动判断"、"无"、"求和"、"求差"和"求交"等几种。

2．孔

孔是指零件的圆柱形内表面，也包括其他形式的内表面。

在"特征"工具栏中，单击"孔"按钮，弹出"孔"对话框，如图 3-3(a)所示，操作效果如图
3-3(b)所示。其选项如下。

（a）

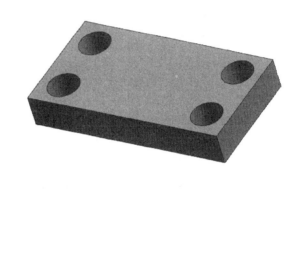

（b）

图 3-3　"孔"对话框及操作效果

（1）类型。孔类型，分别有"常规孔"、"钻形孔"、"螺钉间隙孔"、"螺纹孔"、"孔系列"5 种。

（2）位置。选择孔的位置，选择对象为点。

——草绘点。

——现有点。

（3）方向。孔的方向，有"垂直于面"、"沿矢量"2 种。

（4）成形。定义孔的形状和尺寸。孔的成形有"简单"、"沉头"、"埋头"、"锥形"4 种；尺寸
限制孔的直径、孔深、顶锥角。

（5）布尔。与其他实体特征进行操作，有"无"和"求差"2 种。

3．边倒圆

边倒圆命令可以在两个锐角之间创建圆角过渡。边倒圆的圆角半径可以恒定也可以是变
半径的，此外，在拐角的位置还可以控制圆角的形状，控制圆角的终止位置。

单击工具栏上的"边倒圆"按钮，打开"边倒圆"对话框，在模型上选择合适的边对象，设
置"半径 1"的值为 5，单击"确定"按钮，即可通过边倒圆编辑模型，如图 3-4 所示。

图 3-4 "边倒圆"对话框及操作效果

3.1.3 操作步骤

1. 设计分析

支座主要起支撑的作用,它主要由底座、支撑板和支撑体组成。在创建此零件模型时,可以先利用拉伸工具创建出各部分的实体轮廓,然后利用孔工具,创建出其细节特征。

2. 操作步骤

(1) 新建模型文件。单击"新建"按钮 ,在打开的"新建"对话框中输入文件名称为"zhizuo",单位设置为 mm,单击"确定"按钮,进入 UG NX 8.5 建模环境。

(2) 绘制支座草图曲线。单击"特征"工具栏中的"拉伸"按钮 ,弹出"拉伸"对话框,单击"截面"选项下的"绘制截面"图标,弹出"创建草图"对话框,选取工作坐标系的 XC-YC 平面为草图平面,绘制如图 3-5 所示的底座草图曲线。

(3) 创建支座模型底座。单击"完成草图"按钮 ,在"拉伸"对话框中设置拉伸距离为－18,创建出支座模型的底座部分,如图 3-6 所示。

(4) 创建 4×Φ10 孔特征。单击"特征"工具栏中的"孔"按钮 ,弹出所示"孔"对话框,在对话框中,类型选择"常规孔",孔方向选择"与面垂直",成形选择"简单",直径为"10 mm",深度限制选择"贯通体",布尔选择"求差",如图 3-7 所示,在"位置"选项区中单击"点"按钮 ,选择 XC-YC 平面为草图平面,选择合适的圆心点,如图 3-8 所示,单击"完成草图",返回"孔"对话框,单击"确定"按钮,完成 4×Φ10 孔的创建,如图 3-9 所示。

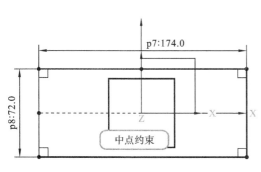

图 3-5　绘制底座草图曲线

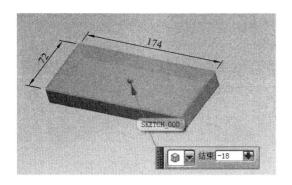

图 3-6　创建底座

图 3-7　"孔"对话框

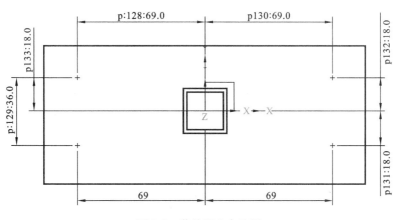

图 3-8　草绘圆心点位置

（5）创建缺口。单击"特征"工具栏中的"拉伸"按钮，系统自动弹出"拉伸"对话框，在"截面"区中单击"绘制截面"按钮，系统弹出"创建草图"对话框，如图 3-10 所示，在"平面方法"选项中选择"现有平面"，并选取已完成的拉伸块的下平面为草绘面。绘出如图 3-11 所示的草图曲线，绘制完毕后单击"完成草图"，返回到"拉伸"对话框，设置拉伸距离为"6 mm"，布尔选择"求差"，单击"确定"按钮，完成缺口的创建，结果如图 3-12 所示。

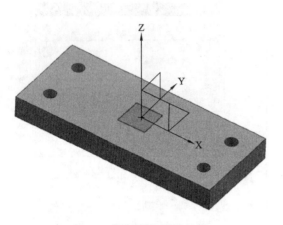

图 3-9　"孔"特征操作效果

图 3-10　"创建草图"对话框

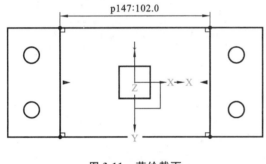

图 3-11　草绘截面

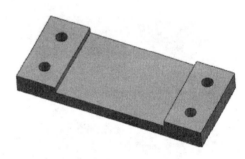

图 3-12　创建缺口效果

（6）创建拉伸特征。单击"特征"工具栏中的"拉伸"按钮█，系统自动弹出"拉伸"对话框，在"截面"区中单击"绘制截面"按钮█，选取工作坐标系的 XC-ZC 平面为草图平面，绘制如图 3-13 所示 Φ84 及 Φ72 圆。

单击"完成草图"按钮█，按图 3-14 进行设置，完成管道形的特征的创建。

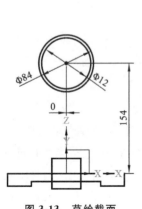

图 3-13　草绘截面

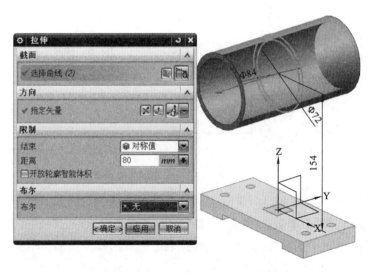

图 3-14　创建管道形特征

继续在"截面"区中单击"绘制截面"按钮，选取工作坐标系的 XC-ZC 平面为草图平面，绘制如图 3-15 所示的扇形加强肋草图并拉伸，最终结果如图 3-16 所示。

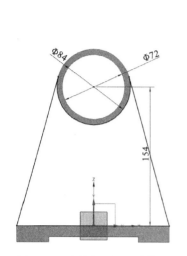

图 3-15　绘制扇形加强肋草图

图 3-16　创建扇形加强肋

继续在"截面"区中单击"绘制截面"按钮，选取扇形加强肋前平面为草图平面，绘制如图 3-17 所示的加强肋草图，并拉伸，最终结果如图 3-18 所示。

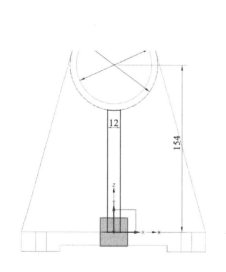

图 3-17　创建加强肋草图

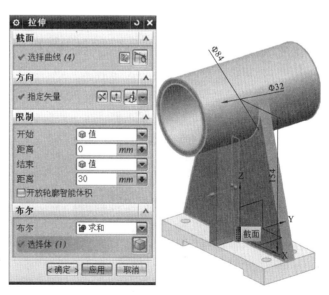

图 3-18　创建加强肋

（7）创建底座拉伸特征。单击"特征"工具栏中的"拉伸"按钮，选取工作坐标系的 XC-ZC 平面为草图平面，绘制边长为 120 mm 的正方形及 Φ72 圆，如图 3-19 所示。单击"完成草图"按钮，设置的拉伸参数及拉伸效果如图 3-20 所示。

用同样的方法创建另一边的底座，完成后效果如图 3-21 所示。

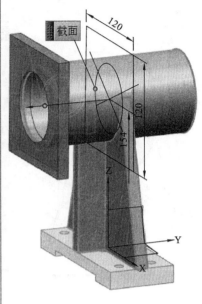

图 3-19　绘制底座草图　　　　　　　　　　**图 3-20　拉伸参数设置及拉伸效果**

（8）创建 8 个 Φ14 孔特征。单击"特征"工具栏中的"孔"按钮 ，选择孔类型为"常规孔"，单击"指定点"中的"绘制截面"按钮 ，在草图中绘出孔的位置如图 3-22 所示，绘制完成后单击"完成草图"按钮 ，返回"孔"对话框，设置如图 3-23 所示的孔参数，单击"确定"，完成 4 个 Φ14 孔的创建。用同样的方法绘制另外 4 个 Φ14 孔，最终设计完成的效果如图 3-24 所示。

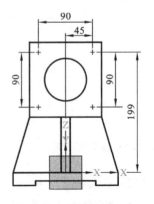

图 3-21　创建底座效果图　　　　　　　　　**图 3-22　草绘孔圆心点**

图 3-23　设置孔参数图

图 3-24　最终效果图

3.1.4　本项目操作技巧总结

通过"支座"的设计,可以概括出以下几项知识和操作要点。

(1) 任何一个实体的设计大体上都经过绘制草图、实体拉伸和细节特征修整这几个步骤。

(2) 绘制草图时,必须首先确定好草图所在的平面(或基准面),需要几个草图时,必须明确几个草图所在平面之间的相互关系和位置。

(3) 实体拉伸时,必须明确拉伸方向、拉伸参数和实体生成的组合形式(创建、相加、相减、相交)。

(4) 细节特征的设计(如孔、圆柱等),应在基本实体生成后进行,并注意特征所在的位置、方向和参数的确定。

3.1.5　上机实践 8——拨叉设计

本实践项目是用 UG 的建模模块完成图 3-25 所示的"拨叉"的实体建模设计。大家可以按提示的操作步骤和各阶段生成的实体效果图来自己完成整个设计任务。

操作步骤:

(1) 创建连接板(见图 3-26)。

(2) 创建叉口(见图 3-27)。

(3) 创建定位轴套(见图 3-28)。

(4) 创建凸台(见图 3-29)。

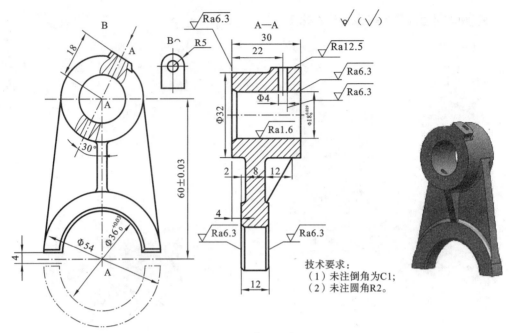

图 3-25　拔叉零件图

技术要求：
（1）未注倒角为C1；
（2）未注圆角R2。

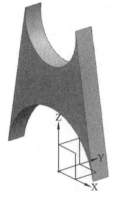

图 3-26　创建连接板

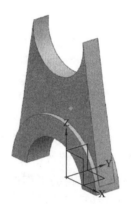

图 3-27　创建叉口

图 3-28　创建定位轴套

（5）创建小孔（见图 3-30）。

（6）创建肋板（见图 3-31）。

图 3-29　创建凸台

图 3-30　创建小孔

图 3-31　创建肋板

（7）边倒圆（见图 3-32）。

最终效果如图 3-33 所示。

图 3-32 边倒圆

图 3-33 最终效果图

项目 3-2 法兰盘设计

3.2.1 学习任务和知识要点

1. 学习任务

完成如图 3-34 所示法兰盘的实体造型。

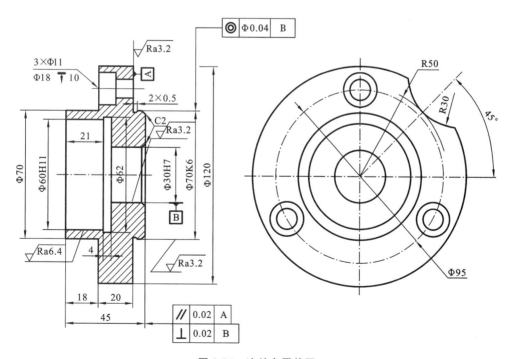

图 3-34 法兰盘零件图

2. 知识要点

(1) 掌握回转操作。

(2) 掌握孔的创建方法。

(3) 掌握阵列特征。

(4) 掌握倒斜角特征创建方法。

3.2.2　相关知识点

1. 回转

回转是将草图截面或曲线等二维对象绕所指定的旋转轴旋转一定角度而形成实体模型的操作,如带轮、法兰盘和轴类等零件的创建。

在"特征"工具栏中,单击"回转"按钮，打开"回转"对话框,如图 3-35 所示。各主要选项区的含义如下。

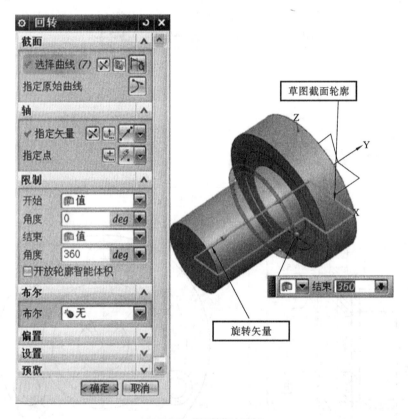

图 3-35 "回转"对话框

(1) 截面。截面可以包含曲线或边的一个或多个开放或封闭集合。

"截面"选项区包括"绘制截面"与"曲线"两种方法,其操作方法与"拉伸"工具的操作方法相似,不同之处在于:当利用"回转"工具进行实体操作时,所指定的矢量是该对象的旋转中心,所设置的旋转参数是旋转的起点角度和终点角度。

(2) 轴。用于选择并定位旋转轴。

(3) 限制。用于设置旋转开始端和绕旋转轴旋转的角度。

(4) 布尔。使用布尔选项可指定旋转特征与所接触体的交互方式。

(5) 偏置。使用此选项可通过将偏置添加到截面的两侧来创建实体。

2. 倒斜角

倒斜角又称倒角,是对实体的边或者面建立斜角。其操作方法与倒圆角相似,都是选取实体边缘,并按照指定尺寸进行倒角操作。根据倒角的方式可以分为对称、非对称以及偏置和角度 3 种。

在"细节特征"工具栏中,单击"倒斜角"按钮,打开"倒斜角"对话框,如图 3-36 所示。

(1) 选择边。选择需要进行倒角的对象。

(2) 偏置。有如下 3 种方式。

对称偏置——在相邻两个面形成的偏置值相同。

图 3-36 "倒斜角"对话框

非对称偏置——在相邻两个面形成的偏置值不同,分别设置偏置值。

偏置和角度——用偏置和角度两个参数来定义倒角。

(3) 启用预览。在进行参数设置时,可以观察到设置参数后的效果。

3.2.3 操作步骤

1. 设计分析

法兰盘主要起连接的作用。在创建此零件模型时,可以先利用回转工具创建出主体部分的实体轮廓,然后利用孔工具、拉伸工具、倒斜角工具等创建出其细节特征。

2. 操作步骤

(1) 新建模型文件。单击"新建"按钮,在打开的"新建"对话框中输入文件名称为"falanpan",单位设置为 mm,单击"确定"按钮,进入 UG NX 8.5 建模环境。

(2) 绘制法兰盘草图曲线。单击"特征"工具栏中的"回转"按钮,选取工作坐标系的 XC-ZC 平面为草图平面,绘制如图 3-37 所示法兰盘草图曲线。

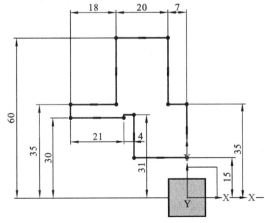

图 3-37 法兰盘草图曲线

(3) 创建法兰盘主体特征。单击"完成草图"按钮,在"回转"对话框中设置旋转轴为 X 轴,旋转角度为 0~360,单击"确定"按钮,完成法兰盘主体创建,如图 3-38 所示。

(4) 创建沉头孔。单击"特征"工具栏中的"孔"按钮,孔参数设置如图 3-39 所示,单击"孔"对话框"位置"选项区中"绘制截面"按钮,选择如图3-40所示平面为草绘平面,绘制沉头孔中心点。绘制完毕后单击"完成草图"按钮,返回到"孔"对话框,单击"确认"完成沉头孔的创建,如图 3-41 所示。

图 3-38　生成的回转实体

图 3-39　沉头孔参数设置

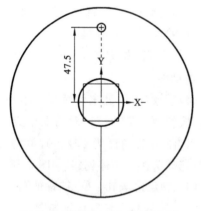

图 3-40　草绘沉头孔中心位置点

图 3-41　沉头孔效果图

（5）阵列沉头孔。单击"阵列特征"按钮　，选择特征为上一步所创建的沉头孔，布局选择为圆形，指定矢量为 X 轴，指定点为法兰盘圆心，分别按照图 3-42 所示设置阵列数量和节距，然后单击"确定"按钮，完成沉头孔阵列，效果如图 3-43 所示。

（6）倒斜角。在"细节特征"工具栏中，单击"倒斜角"按钮　，打开"倒斜角"对话框，分别单击要倒斜角的两条边，完成倒斜角特征，如图 3-44 所示。

图 3-42　沉头孔参数设置

图 3-43　阵列沉头孔效果图

（a）

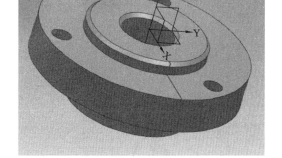

（b）

图 3-44　倒斜角特征

3.2.4　本项目操作技巧总结

通过法兰盘的设计,可以概括出以下几项知识和操作要点。

（1）用"旋转"方法创建实体的过程与用"拉伸"一样,也需要先画草图,再进行旋转。

（2）在"旋转"操作中，不但要确定旋转方向、旋转角度，还要确定旋转轴，旋转轴可以是坐标轴、直线、实体边等。

（3）均匀分布的特征可以运用阵列方法来构建，如本项目的螺纹孔，阵列时需设定阵列数量、间隔角度和旋转轴，但螺纹是不能用阵列方法构建的。

3.2.5 上机实践 9——泵盖的设计

本训练项目是用 UG 的建模模块完成图 3-45 所示泵盖的实体设计。大家可按提示的操作步骤和各阶段生成的实体效果图来完成整个设计任务。

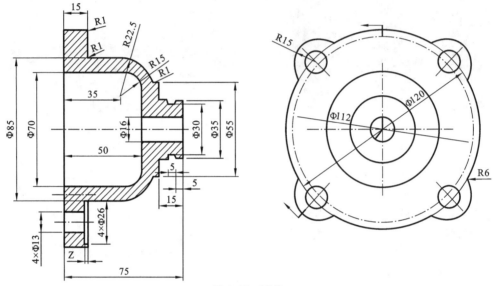

图 3-45　泵盖

操作步骤：

（1）画草图。在 XC-YC 基准面上画出泵盖的纵截面草图，并进行尺寸约束（见图 3-46）。

（2）旋转实体。用旋转的方法生成实体（见图 3-47）。

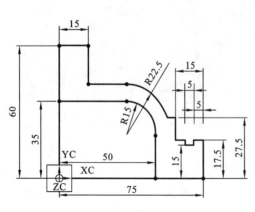

图 3-46　泵盖纵截面草图

图 3-47　旋转出的实体

（3）画圆。在 YC-ZC 基准面上画 Φ30 圆（见图 3-48）。

（4）拉伸圆柱。拉伸所画圆曲线，生成一个凸圆柱（见图 3-49）。

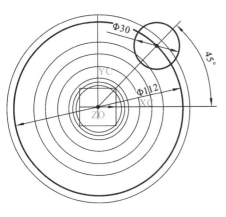

图 3-48　画凸圆柱草图

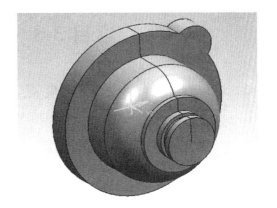

图 3-49　拉伸一个凸圆柱

（5）构建台阶孔。用"孔"命令，在凸圆柱体上创建台阶孔（见图 3-50）。

（6）阵列圆柱台和台阶孔。用"环形阵列"命令圆柱凸台和台阶孔（见图 3-51）。

图 3-50　创建台阶孔

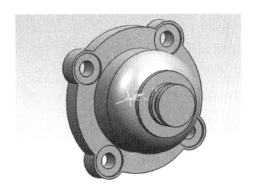

图 3-51　阵列 4 凸台和台阶孔

（7）构建螺纹孔。生成 M16 螺纹底孔（见图 3-52）。

（8）创建螺纹。创建 M16 孔螺纹。

（9）倒圆角。

最后完成的泵盖实体如图 3-53 所示。

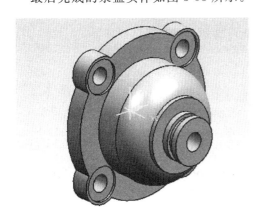

图 3-52　生成螺纹底孔

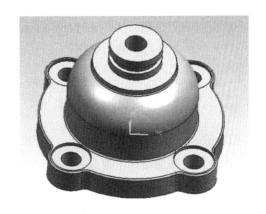

图 3-53　最后完成的泵盖造型

项目 3-3　弯管的设计

3.3.1　学习任务和知识要点

1. 学习任务

完成如图 3-54 所示弯管的实体造型。

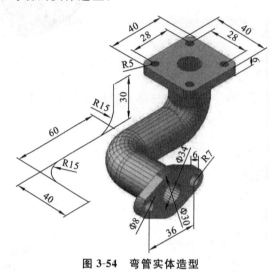

图 3-54　弯管实体造型

2. 知识要点

（1）拉伸操作。

（2）弯管的创建。

3.3.2　相关知识点

1. 扫掠

扫掠是通过一条或者多条引导线扫掠截面来创建实体的工具。扫掠对象可以是草图、曲线等二维元素。

单击"扫掠"按钮 ，打开"扫掠"对话框，如图 3-55 所示。其主要选项如下。

（1）截面。进行扫掠的截面。

（2）引导线。用来扫掠的轨迹。

3.3.3　操作步骤

1. 设计分析

弯管在机械领域中主要起连接作用。在创建此零件模型时，可以先利用管道工具创建出弯管的实体轮廓，然后利用拉伸工具，创建出固定板。

2. 操作步骤

（1）新建模型文件。单击"新建"图标 ，在打开的"新建"对话框中输入文件名称为

"wanguan.prt",单位设置为 mm,单击"确定"按钮,进入 UG NX 8.5 建模环境。

（2）创建引导曲线。显示基准坐标系。根据图 3-54,创建出引导曲线,如图 3-56 所示。

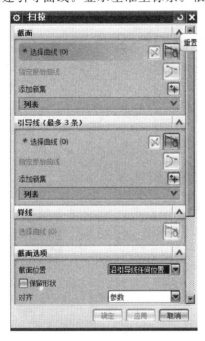

图 3-55 "扫掠"对话框

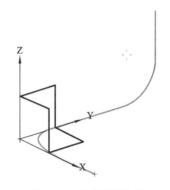

图 3-56 创建引导曲线

（3）创建基准平面。执行"插入→基准/点→基准平面"命令,弹出"基准平面"对话框,在"类型"下拉列表中选择"按某一距离",单击"平面参考"选项下的"选择平面对象",选择 ZC-YC 平面,在偏置的"距离"栏中输入"40",单击"确定"按钮,创建如图 3-57 所示基准平面。

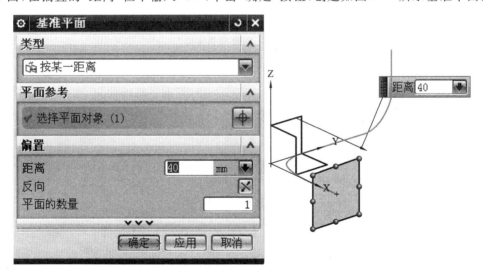

图 3-57 创建基准平面

（4）绘圆。在基准平面内,以直线端点为圆心绘制 Φ20 圆,如图 3-58 所示。

（5）扫掠实体。单击"扫掠"图标 ,弹出"扫掠"对话框,如图 3-59（a）所示,单击"截面"选项下"选择曲线",在绘图区选择 Φ20 圆,单击"引导线"选项下"选择曲线",在绘图区选择引导曲线,单击"确定"按钮,创建的弯管实体如图 3-59（b）所示。

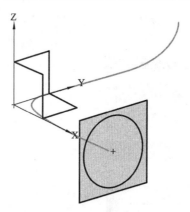

图 3-58　绘制 Φ20 圆

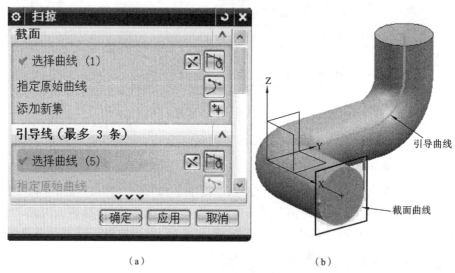

（a）　　　　　　　　　　　　　　　　　（b）

图 3-59　创建扫掠实体

（6）抽壳实体。单击"特征"工具条上的"抽壳"图标，弹出如图 3-60（a）所示"抽壳"对话框，在"类型"下拉列表中选择"移除面，然后抽壳"，单击"要穿透的面"选项下的"选择面"，用

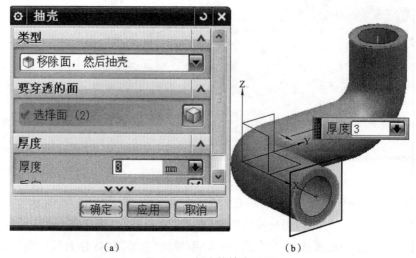

（a）　　　　　　　　　　　　　　　　　（b）

图 3-60　创建的抽壳特征

鼠标选择弯管两端的圆柱面,在"厚度"选项下输入厚度值 3,单击"确定"按钮,创建如图 3-60 (b)所示抽壳特征。

(7)利用拉伸特征创建左侧固定板。单击"特征"工具栏中的"拉伸"按钮 ,弹出"拉伸"对话框,单击"选择曲线"右侧"绘制截面"按钮 ,弹出"创建草图"对话框,选取管道左侧平面为草图平面,绘制如图 3-61 所示草图曲线。单击"完成草图"按钮 ,在"拉伸"对话框中设置拉伸距离为－6,如图 3-62 所示,创建出支座模型的底座部分。

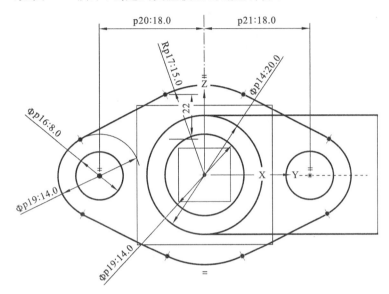

图 3-61　草图曲线

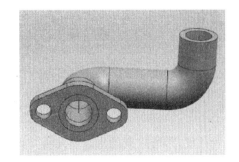

图 3-62　创建左侧固定板

(8)利用拉伸特征创建右侧固定板。用同样方法绘制如图 3-63 所示草图曲线。拉伸创建右侧固定板,如图 3-64 所示。

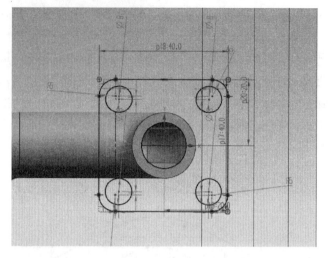

图 3-63 草图曲线

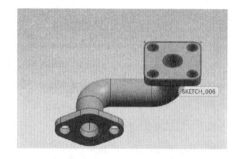

图 3-64 创建右侧固定板

3.3.4 本项目操作技巧总结

通过弯管的设计,可以概括出以下几项知识和操作要点。

(1) 对于创建一个扫掠体,关键是创建合适的扫掠线和扫掠截面。

(2) 创建扫掠特征时截面曲线通常应该位于(相对于引导曲线)开放式引导路径的起点附近或封闭式引导路径的任意曲线的端点附近。如果截面曲线距离引导曲线太远,则会得到无法估计的结果。

(3) 如果截面对象有多个环,则引导线串必须由线/圆弧构成。

(4) 如果引导路径上两条相邻的线以锐角相交,或者如果引导路径中的圆弧半径对于截面曲线来说太小,则不会发生扫掠面操作。换言之,路径必须是光顺的、切向连续的。

（5）对类似型腔结构的设计，壁厚均匀时可考虑用抽壳的方法来进行，这样会使设计操作简便，使用"抽壳"命令时要正确选择移除面。

3.3.5　上机实践 10——水杯设计

本训练项目是用 UG 的建模模块完成图 3-65 所示水杯的实体设计。大家可按提示的操作步骤和各阶段生成的实体效果图来完成整个设计任务。

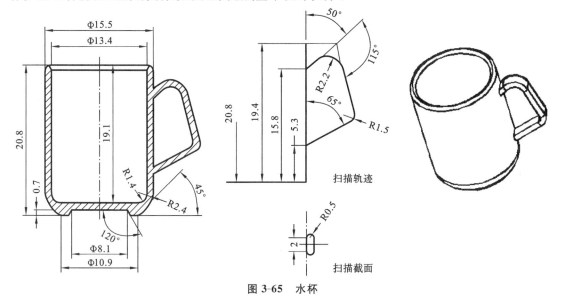

图 3-65　水杯

创建杯子的主要思路：杯子主要由两部分组成，其中，主体部分可利用回转特征生成，杯耳部分则利用沿导引线扫掠特征生成。

操作步骤：

（1）利用回转特征创建杯身，如图 3-66 所示。

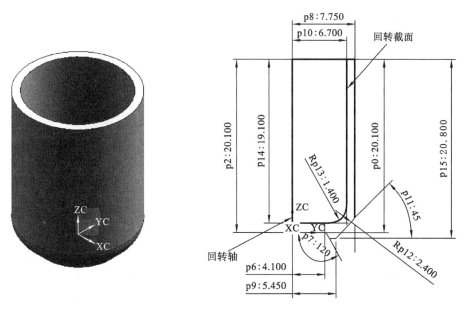

图 3-66　创建杯身

（2）绘制杯耳。

① 利用草图功能创建杯耳引导线及扫描截面，如图 3-67 所示。

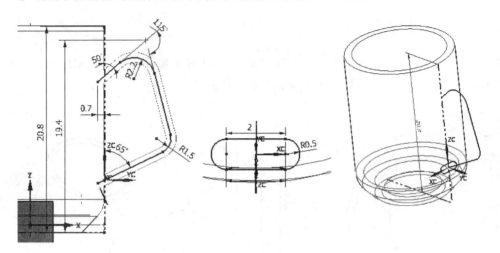

图 3-67　创建杯耳引导线及扫描截面

注意：引导线的绘制嵌入至杯身中，扫描截面垂直于引导线。

② 沿引导线扫掠。生成杯耳，如图 3-68 所示。

注意：杯耳和杯身采用"求和"布尔运算，偏置值为 0。

（3）边倒圆。最终效果如图 3-69 所示。

图 3-68　生成杯耳

图 3-69　最终效果

单 元 小 结

本单元主要介绍 UG NX 8.5 的三维建模功能及三维建模的具体使用。并结合项目介绍布尔运算、基准平面和基准轴、体素特征、成形特征、扫描特征的创建步骤，以及常用的几种特征操作和特征编辑方法。熟练使用建模功能可以有效地提高建模效率，希望大家能够多加练习，认真掌握。

思考与习题

1. 简述创建基准平面和基准轴的常用方法。
2. 键槽和沟槽在操作方面有何区别?
3. 常用的特征操作有哪些?
4. 简述回转和沿导线扫掠的不同之处?
5. 实例特征有几种类型? 各有什么用途?
6. 建立图 3-70~图 3-75 零件的三维模型。

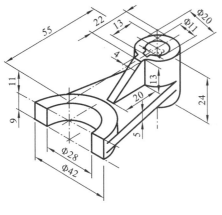

图 3-70

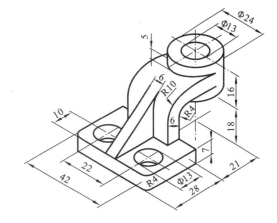

图 3-71

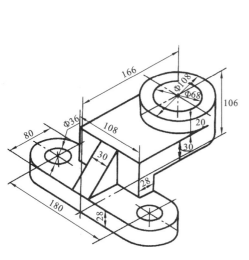

图 3-72

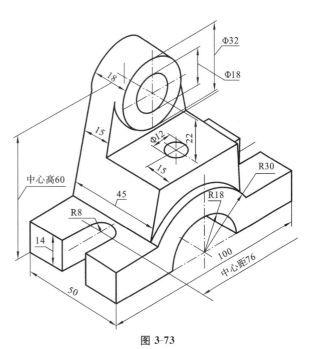

图 3-73

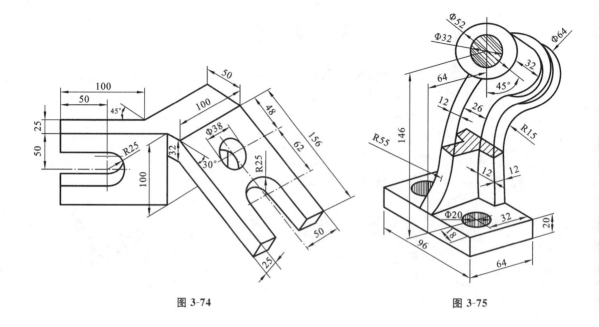

图 3-74   图 3-75

第4单元 曲面造型

本单元通过项目来介绍 UG NX 8.5 曲面设计的方法和操作技巧,主要内容包括空间曲线的创建和编辑,曲面的创建和编辑。

相对于一般实体零件的创建来说,曲面零件的创建过程和方法比较特殊,技巧性比较强。本单元将以散热风扇、鼠标的设计为例,重点讲解创建空间曲线和曲面造型的方法。

本单元学习目标

(1) 了解曲面构建的基本方法。

(2) 熟练掌握空间曲线的创建。

(3) 熟练掌握简单曲面的创建。

(4) 熟练掌握自由曲面的创建。

(5) 熟练掌握曲面的编辑。

项目 4-1 散热风扇设计

4.1.1 学习任务和知识要点

1. 学习任务

完成如图 4-1 所示散热风扇的设计。

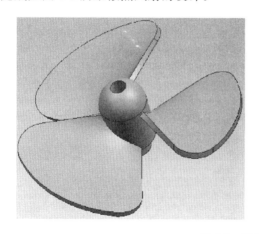

图 4-1 散热风扇

2．知识要点

（1）散热风扇结构分析。

（2）风扇扇叶线框轮廓的构建。

（3）由扇叶线框轮廓生成扇叶曲面。

（4）扇叶曲面的实体化。

4.1.2　相关知识点

1．曲线

曲线是曲面构建的基础，是曲面设计中不可缺少的重要元素，因此，了解和掌握曲线的创建方法，是学习曲面构建的基础。UG 中曲线主要有草图曲线和基本空间曲线两大类。

基本空间曲线、草图曲线的创建和编辑等相关知识点已在第 2 单元详细讲述，本单元不再重复。

2．艺术曲面

通过预设的截面线串和引导线串的数目，能够快速简洁地生成曲面。

创建"艺术曲面"可以通过菜单栏进行选择，在"插入"下拉菜单中选择"网格曲面"选项，再选择"艺术曲面"。或者在"曲面"工具条中，直接选择"艺术曲面"按钮 ，如图 4-2 所示。其主要选项如下。

（1）截面（主要）曲线。可以通过单击"曲线"按钮 来选择截面曲线。每选择一条曲线通

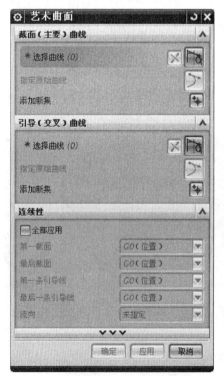

图 4-2　"艺术曲面"对话框

过单击鼠标中键完成。如果某一条截面曲线方向矢量与其他截面曲线方向相反,可以单击"反向"按钮 ,调整方向。

（2）引导（交叉）曲线。可以通过单击"曲线"按钮 来选择艺术曲面的引导曲线。同样,在选择引导线串的过程中,如果选择的引导曲线方向与已经选择的引导曲线方向相反,可以单击"反向"按钮 调整方向。

（3）连续性。在该栏中,可以对第一组截面曲线、最后一组截面曲线、第一条引导曲线、最后一条引导曲线的连续性过渡方式进行设置。可以设置生成的艺术曲面与其他曲面之间的连续性过渡条件。可以选择的连续性设置条件包括:G0 点连接、G1 相切过渡连接、G2 曲率过渡连接。

G0（位置）——通过点连接方式和其他部分相连接。

G1（相切）——通过该曲线的艺术曲面与其相连接的曲面通过相切方式进行连接。

G2（曲率）——通过相应曲线的艺术曲面与其相连接的曲面通过曲率方式进行连接,在公共边上具有相同的曲率半径,且通过相切连接,从而实现曲面的光滑过渡。

"流向"下拉列表框中包括以下选项。

未指定——艺术曲面的参数线流向与约束面的参数线流向之间不指定直接关系。

等参数——指定艺术曲面的参数线流向与约束面的参数线流向一致。

垂直——生产的艺术曲面的参数线方向与约束边的法线方向一致,仅通过垂直方式进行连接。

（4）输出曲面选项。可以设置在输出曲面时的参数选项。该栏"对齐"下拉菜单中包括以下选项。

参数——截面曲线在生产艺术曲面时,系统将根据所设置的参数来完成各截面曲线之间的连接过渡。

圆弧长——截面曲线将根据各曲线的圆弧长度来计算曲面的连接过渡方式。

根据点——可以在连接的几组截面曲线上指定若干点,两组截面曲线之间的曲面连接关系将会根据这些点来进行计算。

（5）设置。可以对"截面"和"引导性"创建的曲面进行设置。此时,可以通过在"重新构建"下拉菜单中选择选项来进行设置。下拉菜单中包括以下选项。

无——系统将根据所选择的截面线串和引导线串来创建艺术曲面而无须重建。

手工——可以设置所生成曲面的阶次,可以设置的阶次范围为 1～24。

高级——可以生成多补片曲面,此时既可以设置曲面的阶次大小,也可以设置曲面的分段数目,即设置曲面的补片数目。

3. 通过曲线组

"通过曲线组"功能是依据用户选择的多条截面线串来生成片体或者实体的。用户最多可以选择 150 条截面线串。截面线串既可以是线性连接,也可以是非线性连接,如图 4-3 所示。

（1）截面。可以通过单击"曲线"按钮 来选择截面线串。当用户选择截面线串后,被选择的截面线串的名称显示在"截面"栏中"列表"选项下的列表框中。

（2）连续性。是指创建的曲面与用户指定的体边界之间的过渡方式。曲面的连续过渡方式有以下几种。

G0（位置）——位置连续过渡。在"第一截面"下拉菜单中选择"G0（位置）"选项,指定创建

(a)

(b)

图 4-3 "通过曲线组"对话框

的曲面在第一条线串处与用户指定的体边界之间位置连续过渡。系统将根据创建的曲面和指定体边界之间的位置来决定连续过渡方式。"G0（位置）"是系统默认的连续过渡方式。

G1（相切）——相切连续过渡。在"第一截面"下拉菜单中选择"G1（相切）"选项，指定创建的曲面在第一条线串处与用户指定的体边界之间相切连续过渡。

G2（曲率）——相切连续过渡。在"第一截面"下拉菜单中选择"G2（曲率）"选项，指定创建的曲面在第一条线串处与用户指定的体边界之间曲率连续过渡。

"最后截面"下拉菜单中的"G0（位置）"、"G1（相切）"、"G2（曲率）"选项都是用来指定创建的曲面在最后一条截面线串处与用户指定的体边界之间的过渡方式。与"第一截面"下拉菜单中的"G0（位置）"、"G1（相切）"、"G2（曲率）"类似，因此，仅以"第一截面"下拉菜单为例。

图 4-4 "对齐"对话框

（3）对齐。对齐方式有"参数"、"圆弧长"、"根据点"等 7 种，如图 4-4 所示。

参数——表示系统在用户指定的截面线串上等参数分布连接点。该对齐方式是系统默认的对齐方式。

等参数的原则：如果截面线串是直线，则在直线上等距离分布连接点；如果截面线串是曲线，则在曲线上等弧长分布连接点。

弧长——该选项指定连接点在用户指定的截面线串上等弧长分布。

根据点——该选项是在绘图区中选择指定点。

距离——选择该选项时，系统弹出"矢量构造器"对话框，用户可以定义一个矢量作为对齐轴的方向。

角度——选择该选项时,系统弹出"定义轴线"对话框,用户可以定义轴线,系统将沿着定义的轴线等角度平分截面线生成连接点。

脊线——选择该选项时,系统根据用户指定的脊线来生成曲面,此时曲面的大小由脊线的长度来决定。

根据分段——选择该选项时,系统根据样条曲线上的分段来对齐创建曲面。

（4）输出曲面选项。

① 补片类型。"输出曲面选项"栏中的"补片类型"有三种,如图 4-5 所示。

单个——该选项指定创建的曲面由单个补片组成。

多个——该选项指定创建的曲面由多个补片组成。此选项为系统默认选项。

匹配线串——该选项通过用户选择的截面线串的数量来决定组成曲面的补片数量。

② V 向封闭。该选项被选中时,系统将根据用户选择的截面线串在 V 向上形成封闭曲线,最终形成实体。

③ 垂直于终止截面——该选项被选中时,生成曲面的边界处的切线垂直于终止截面。

④ 输出曲面选项栏中的"构造"有三种,如图 4-6 所示。

图 4-5　"补片类型"对话框

图 4-6　"构造"对话框

正常——该选项指定系统按照正常方法构造曲面。这种方法构造的曲面补片较多。

样条点——该选项指定系统根据样条点来构造曲面。

简单——该选项指定系统采用简单构造曲面的方法生成曲面。

4．N 边曲面

N 边曲面功能可以通过选取一组封闭的曲线或边创建曲面,创建生成的曲面即 N 边曲面,"N 边曲面"对话框如图 4-7 所示。

（1）类型。"类型"选项栏中有两种类型:

已修剪——该选项可以根据选择的封闭曲线建立单一曲面,曲面可以覆盖选择的整个区域。

三角形——该选项可以在所选择的边界区域中创建的曲面由一组多个单独的三角曲面片体组成,这些三角曲面片体相交于一点,该点为 N 边曲面的公共中心点。

（2）外环。选择定义 N 边曲面的边界,可以选择的边界曲线对象包括封闭的环状曲线、边、草图、实体边界、实体表面。

（3）约束面。栏中选择边界面的目的是通过所选择的一组边界曲面,来创建相切连续或曲率连续约束。

（4）UV 方位。该选项包括三种类型。

脊线——指定脊线串控制 N 边曲面的 V 方向,N 边曲面的 U 方向等参数则与指定的脊线串相垂直。

矢量——指定一个矢量方向来作为 N 边曲面的 V 方向。

面积——指定 N 边曲面的 UV 方向为由指定的两个对角点定义的一矩形。

（a）   （b）

图 4-7 "N 边曲面"对话框

（5）形状控制。该选项用来设置 N 边曲面的形状。如果"类型"中选择"三角形"，"形状控制"栏中会出现如图 4-8 所示对话框。

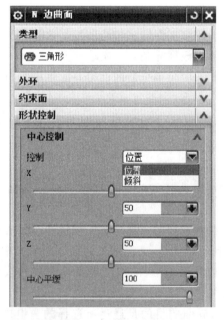

图 4-8 "形状控制"对话框

"控制"选项栏中包括"位置"和"倾斜"两个选项。

位置——可以控制 N 边曲面的曲面中心位置，可以通过改变下面的 X、Y、Z 及"中心平缓"的位置来调节控制中心的位置。

倾斜——可以调整 X、Y 两个参数来改变 XY 平面的法向矢量，但并不改变所生成的 N 边曲面的中心位置。

X、Y、Z 控制选项可以通过调节 X、Y、Z 的数值,控制 N 边曲面的中心位置或 N 边曲面中心的倾斜。

"中心平缓"选项通过改变数值,来调节 N 边曲面的中心与边界之间的丰实程度。

5.扫掠

"扫掠"就是用规定的方式沿一条空间路径(引导线串)移动一条曲线轮廓线(截面线串)而生成轨迹。"扫掠"可以生成片体,也可以生成实体,如图 4-9 所示为"扫掠"对话框。

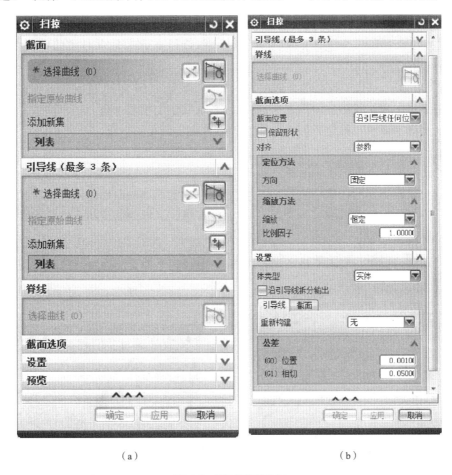

（a）　　　　　　　　　　　　（b）

图 4-9　"扫掠"对话框

(1) 截面。曲线可以由单个或多个对象组成,每个对象可以是曲线、边缘或实体面。截面线串的数量是 1～150。

单击"截面"栏中的"选择曲线"按钮 ,选择一条曲线作为第一条截面线串,同时,线串的一端出现绿色的箭头,该箭头表明曲线的方向,如果用户要改变曲线箭头的方向,单击"反向"按钮 改变箭头方向。如果需要选择第二条截面线串,可以单击鼠标中键或者单击"添加新集"按钮 进行选择,第三条截面线串依此方法选择。

(2) 引导线。在扫掠过程中控制着扫掠体的方向和比例。引导线串可以选择一条,也可以选择两条,但是最多只能选择三条引导线串。

单击"引导线"栏中的"选择曲线"按钮 ,然后选择一条曲线作为第一条引导线串。引导线串的选择方法和截面线串的选择方法相同。

6. 修剪片体

"修剪片体"是指用户指定修剪边界和投影方向后，系统把修剪边界按照投影方向投影到目标面上，裁剪目标面得到新曲面的方法，如图 4-10 所示为"修剪片体"对话框。

修剪边界可以是实体面、实体边缘，也可以是曲线、基准面。

投影方向可以是面的法向，也可以是基准轴，坐标轴等。

（1）目标。在选项栏中单击"片体"按钮 ，选择目标面。

（2）边界对象。在选项栏中单击"对象"按钮 ，选择一条曲线、实体上的面或者一个基准面等作为边界对象。

（3）投影方向。其选项包括三个选项。

垂直于面——指定投影方向垂直于目标面，系统默认的投影方向。

垂直于曲线平面——指定投影方向垂直于边界曲线所在的平面。

沿矢量——指定投影方向沿着用户指定的矢量方向。

（4）区域。其选项包括两个选项。

保留——鼠标指定的区域将被保留下来，而没有指定区域的曲面部分将被裁剪。

舍弃——鼠标指定的区域将被舍弃下来，而没有指定区域的曲面部分将被保留。

7. 缝合

"缝合"功能可以把一组多个曲面缝合在一起，生成一个曲面。在"特征"工具条中单击"缝合"按钮 ，弹出如图 4-11"缝合"对话框。

图 4-10 "修剪片体"对话框

图 4-11 "缝合"对话框

（1）类型。包括片体和实体两个选项。可以实现曲面片体缝合，也可以实现实体缝合。

（2）目标。选择需要缝合的目标曲面。

（3）工具。选择需要缝合的工具曲面。

（4）设置。选择该选项栏中"输出多个片体"复选框，可以对多个曲面进行缝合操作。

公差——在"设置"选项中，通过输入"公差"参数值，设置缝合公差数值。公差值应该大于曲面或实体缝合处的间隙距离。

4.1.3　操作步骤

1. 设计分析

散热风扇主要由扇叶和风扇轴组成。其中扇叶由曲面构成，风扇轴由圆柱、球、孔构成。在绘图时，先完成风扇轴中圆柱部分，接着完成扇叶的曲线轮廓构建，利用艺术曲面或者曲线网格指令将曲线转换为曲面，并将曲面实体化，最后完成球、孔的创建。

2. 操作步骤

（1）新建模型文件。单击"新建"按钮 ，在打开的"新建"对话框中输入文件名称为"sanrefengshan"，单位设置为 mm，注意要设置工作目录，NX 默认文件保存路径在 UGⅡ文件夹里，单击"确定"按钮，进入 UG NX 8.5 建模环境。

（2）显示基准坐标系。绘图过程中，在导航工具条中右键单击"基准坐标系"，选择菜单中"显示"才能看到基准坐标系。

（3）以(0,0,0)为基点，以 Z 轴正向为轴线，绘直径为 13，高度为 12 的圆柱体，如图 4-12 所示。

（4）创建 4 条直线构建扇叶轮廓线，如图 4-13 所示。

第一条直线利用坐标点绘制，起点坐标为(0,1,0)，终点坐标为(46,-1,0)。

第二条直线利用坐标点绘制，起点坐标为(1,0,12)，终点坐标为(-1,-46,12)。

将第一条和第二条直线首尾相连，形成第三条和第四条直线，如图 4-14 所示。

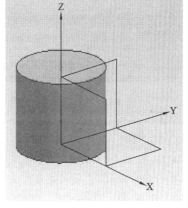

图 4-12　绘制直径为 13，高度为 12 的圆柱体

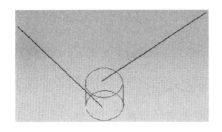

图 4-13　绘制第一条直线和第二条直线

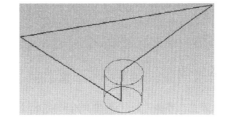

图 4-14　绘制第三条直线和第四条直线

（5）创建曲面。选择"曲面"工具条中"艺术曲面" ，创建扇叶曲面，如图 4-15 所示。选择 2 条直线为截面曲线，选择 2 条直线为引导曲线（注意方向），如图 4-16 所示。

将 4 条直线构建的曲线轮廓转化为曲面。同时将用鼠标左键依次选择 4 条直线，再单击鼠标右键，选择"隐藏" 隐藏 (H)，将 4 条直线隐藏起来，便于观察，如图 4-17 所示。

图 4-15　"艺术曲面"对话框

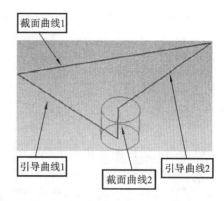

图 4-16　选择截面曲线和引导曲线

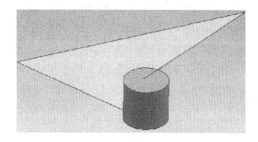

图 4-17　扇叶曲面

（6）单击"特征"工具条中的"加厚"按钮，将扇叶曲面加厚转化为实体。加厚的厚度为1.5mm，如图 4-18 所示。同时在左侧的部件导航器中，在模型历史记录下找到"加厚"，鼠标左键选择该项，再单击鼠标右键，选择"特征分组"，在特征组名称中输入 G0，即将"加厚"特征生成组 G0，如图 4-19 所示。

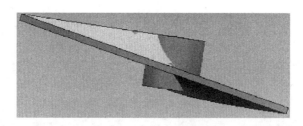

图 4-18　扇叶曲面加厚为实体

（7）单击"特征"工具条中的"阵列特征"按钮，采用环形阵列，将组 G0 进行阵列。在"阵列特征"对话框中，"阵列定义"选项中，"布局"选择圆形，如图 4-20 所示。"旋转轴"中"指定矢量"为＋ZC 轴，即以圆柱的轴线为阵列的旋转轴，"指定点"为坐标原点即是旋转轴的起点，如图 4-21 所示。阵列数量为 3，阵列节距角为 120°。阵列完成以后，如图 4-22 所示，将三个扇叶与圆柱求和。

（8）选择 X-Y 平面作为草绘平面，绘制以原点为圆心、直径为 64 的圆，如图 4-23 所示。完成后，将直径为 64 的圆沿＋Z 轴拉伸 12 mm，并与三个扇叶求交，如图 4-24 所示。

图 4-19　"加厚"特征生成组 G0

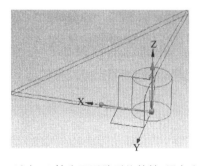

图 4-20　"阵列特征"对话框　　　图 4-21　以＋ZC 轴为环形阵列旋转轴,原点为旋转点

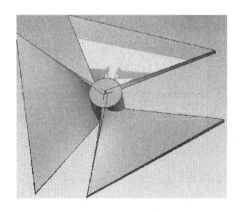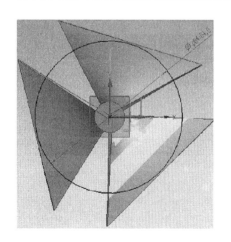

图 4-22　环形阵列　　　　　　　图 4-23　绘制直径为 64 的圆

（9）沿着 Z 轴正方向，在圆柱体的顶端创建直径为 13 的圆球，如图 4-25 所示；沿着 Z 轴负方向，在圆柱的另一端创建直径为 9，高度为 5，与圆柱体同轴的圆台，如图 4-26 所示，将圆球和圆台与圆柱体求和。

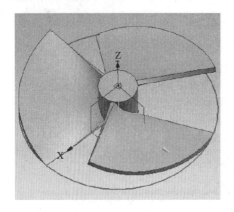

图 4-24　将直径为 64 的圆拉伸并与扇叶求交

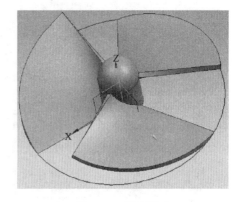

图 4-25　创建圆球

（10）过圆柱体的轴线作直径为 4 的通孔，孔的放置面选择圆台端面，孔心为圆台端面圆心，如图 4-27 所示。将直径 64 的圆、基准坐标系隐藏，便于观察。

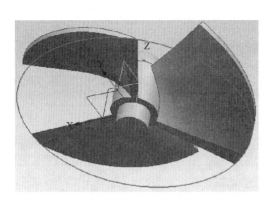

图 4-26　创建圆台

图 4-27　创建通孔

（11）对扇叶的边缘倒半径为 5 的圆角，如图 4-28 所示。

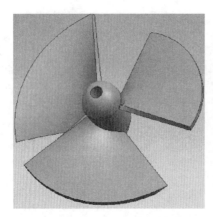

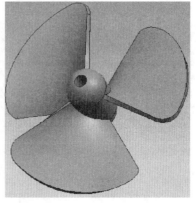

图 4-28　倒圆角

4.1.4　本项目操作技巧总结

通过散热风扇的设计,可以概括出以下几项知识和操作要点。

(1) 对所设计的零部件,要能将其分解成若干基本体素、实体特征等,明确零部件各组成部分先后绘制的排序。

(2) 实体创建,草图绘制等尽可能以 X-Y 平面为起始面或草绘平面,沿 Z 轴正方向生成各类实体,便于观察和计算,符合一般逻辑习惯。

(3) 创建曲面时,要注意截面曲线和引导曲线的选择。

(4) 曲面生成实体以后,可将构建曲面的曲线,以及生成的曲面隐藏起来,便于观察和后续设计工作。

(5) 阵列完成以后,注意要将 3 个扇叶与圆柱体进行求和,便于拉伸求交。

4.1.5　上机实践 11——花瓶的设计

本训练项目是用 UG 的建模模块中"曲面"工具中"通过曲线组"功能完成图 4-29 所示的"花瓶"的设计。花瓶基本结构由 3 个整圆和一个八边形组成。3 个整圆和一个八边形均与 X-Y 平面平行,彼此之间的间距如图 4-29 所示。

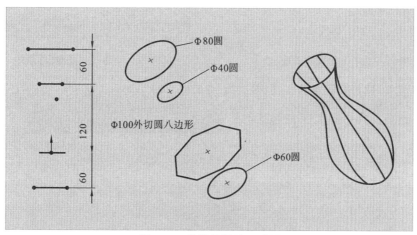

图 4-29　花瓶的设计尺寸图

操作步骤:

(1) 新建模型文件。单击"新建"按钮，在打开的"新建"对话框中输入文件名称为"huaping.prt",单位设置为 mm,注意要设置工作目录,NX 默认文件保存路径在 UG II 文件夹里,单击"确定"按钮,进入 UG NX 8.5 建模环境。

(2) 利用空间曲线由下到上依次创建 3 个圆和 1 个八边形,如图 4-30 所示。

注意:创建圆和八边形时,要保证 3 个圆和 1 个八边形的起点位置在同一个方位。

在"通过曲线组"中选取截面线串后,图形区的箭头矢量应该处于截面线串的同侧,否则生成的片体将被扭曲。可以利用 3 点画圆法画圆,定义每个圆的第一点都在 X 轴上,八边形的角度为 22.5°。

① 截面曲线 1:第一个圆 Φ60,三点坐标依次为 (30,0,0)、(0,30,0)、(-30,0,0)。

② 截面曲线 2:八边形内切圆半径 50,方位角 22.5°,八边形中心点坐标 (0,0,60)。

③ 截面曲线 3:第二个圆 Φ40,三点坐标依次为(20,0,180)、(0,20,180)、(−20,0,180)。

④ 截面曲线 4:第三个圆 Φ80,三点坐标依次为(40,0,240)、(0,40,240)、(−40,0,240)。

(3) 在"通过曲线组"对话框中,将设置选项中的体类型选为"片体",如图 4-31 所示。单击"选择曲线"按钮,由下至上依次选择截面曲线,将曲线转化为曲面。

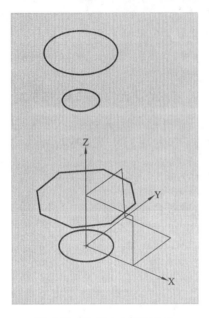

图 4-30　绘制 4 个截面曲线　　　　　图 4-31　"通过曲线组"对话框

① 由下至上,选择截面曲线 1,如图 4-32 所示。

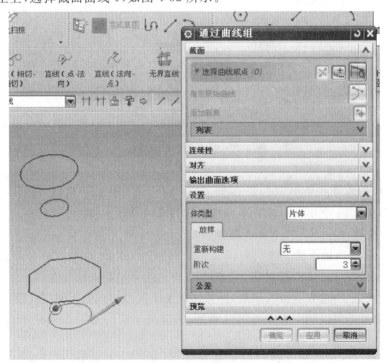

图 4-32　选择截面曲线 1

② 选择截面曲线 2 的第 1 条边,保证生成的方向矢量与截面曲线 1 上的方向矢量在位置和方向上都相同,如图 4-33 所示。

图 4-33 选择截面曲线 2 的第 1 条边

③ 沿着八边形箭头方向,逆时针依次选择其他 7 条边,如图 4-34 所示。

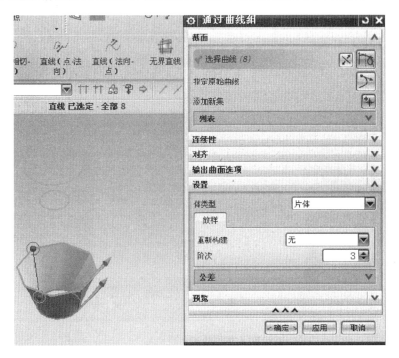

图 4-34 沿着八边形箭头方向,逆时针依次选择其他 7 条边

④ 选择截面曲线 3,保证生成的方向矢量与截面曲线 1 和截面曲线 2 上的方向矢量在位置和方向上都相同,如图 4-35 所示。

图 4-35　截面曲线选择

⑤ 选择截面曲线 4,对于方向矢量的位置和方向要求同上,如图 4-36 所示。

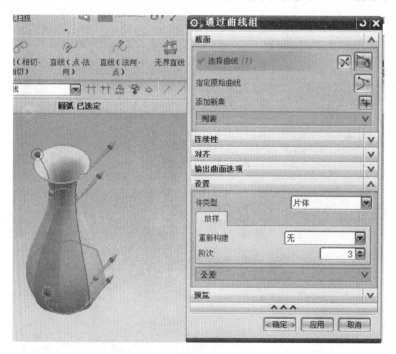

图 4-36　截面曲线选择

⑥ 4 个截面曲线选择完以后,确认方向矢量无误,单击"确定"按钮,结果如图 4-37 所示。

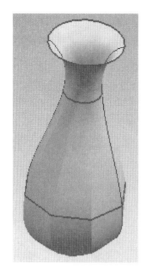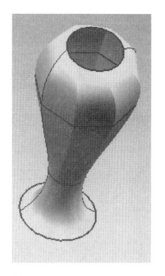

图 4-37　确认选择

（4）在"曲面"工具条中选择"N 边曲面" ，将花瓶底部封口，然后利用"特征"工具条中"修剪片体" 将"N 边曲面"生成的曲面多余部分裁剪掉，如图 4-38 至图 4-40 所示。

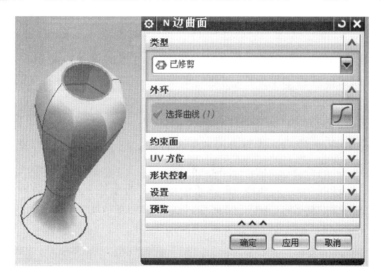

图 4-38　选择花瓶底部孔的边缘

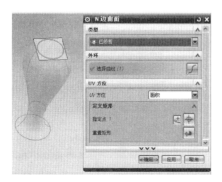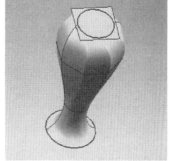

图 4-39　花瓶封底

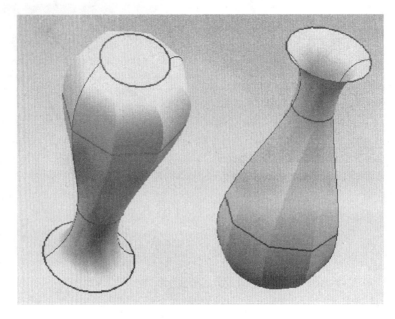

图 4-40　裁剪多余部分,完成整个花瓶设计工作

4.1.6　上机实践 12——灯罩的设计

本训练项目是用 UG 的建模模块完成图 4-41 所示灯罩的设计。利用艺术样条创建曲线的特征,通过对扫掠曲面进行加厚操作,创建灯罩模型。

操作步骤:

(1) 新建模型文件。单击"新建"按钮 ,在打开的"新建"对话框中输入文件名称为"dengzhao.prt",单位设置为 mm,注意要设置工作目录,NX 默认文件保存路径在 UGⅡ文件夹里,单击"确定"按钮,进入 UG NX 8.5 建模环境。

(2) 创建多边形曲线 1。在"曲线"工具条中单击多边形按钮 ,边数输入 12,如图 4-42所示。选择"内切圆半径"按钮,如图 4-43 所示。内切圆半径值为 60,方位角为 0,多边形中心点坐标(0,0,0),如图 4-44、图 4-45 所示。

图 4-42　输入边数

图 4-43　选择内切圆半径

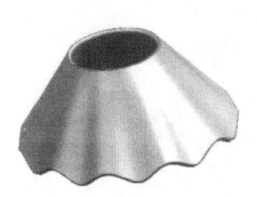

图 4-41　灯罩设计

图 4-44 输入内切圆半径和方位角

图 4-45 多边形 1 中心点坐标

在"视图"工具条中将定位工作视图选项选择为"俯视图",如图 4-46 所示。

（3）创建多边形曲线 2。在"曲线"工具条中单击多边形按钮⊙,边数输入 12,选择"内切圆半径"按钮,内切圆半径值为 60,方位角为 15°,多边形中心点坐标(0,0,30),如图 4-47 所示。

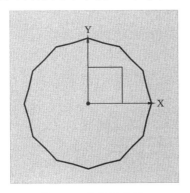

图 4-46 多边形曲线 1

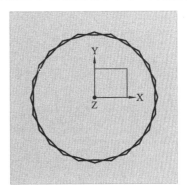

图 4-47 多边形曲线 2

（4）创建艺术样条 1。在"曲线"工具条中单击"艺术样条"按钮,弹出"艺术样条"对话框,在"类型"选项中选择"根据极点",在"参数化"选项中,"次数"为 2 次,勾选"封闭的"复选框,其他参数默认,如图 4-48 所示,并将视图调整为俯视图,如图 4-49 所示。

图 4-48 "艺术样条"对话框

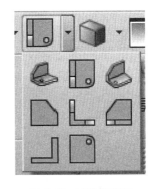

图 4-49 定位俯视图

依次单选多边形曲线 1 和多边形曲线 2 的顶点，以在 X 轴上的顶点为起始点，如图 4-50
所示。

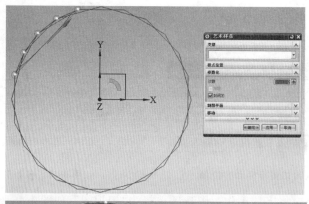
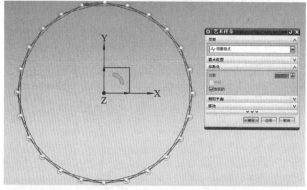
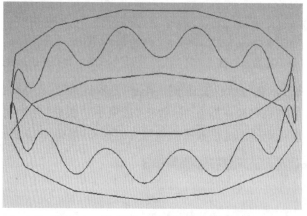

图 4-50　艺术样条 1

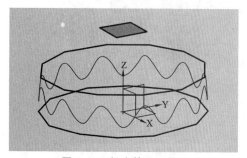

图 4-51　创建基准平面 1

（5）创建草图 1。创建平行于 X-Y 平面的基
准平面 1，基准平面 1 与 X-Y 平面的距离为 60，
如图 4-51 所示。以基准平面 1 为草绘平面，绘制
草图 1，即直径为 50 的圆，圆心坐标为(0,0,60)，
如图 4-52 所示。

（6）创建草图 2。

① 在"直接草图"工具条中选择"交点"按钮
，在草图 1(Φ50 圆)上和艺术样条 1 上分别创

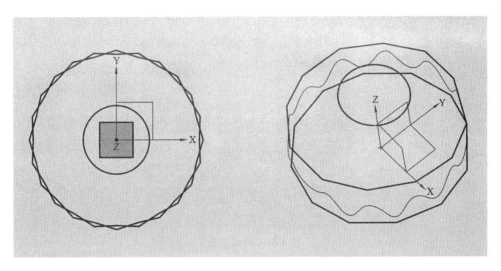

图 4-52 在基准平面 1 上创建 Φ50 的圆

建与 X-Z 平面的交点,如图 4-53、图 4-54 所示。

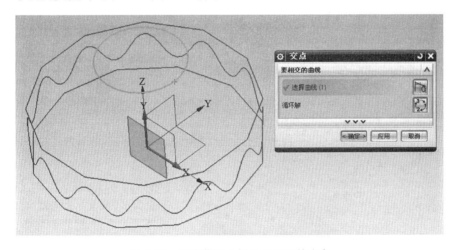

图 4-53 创建草图 1 与 X-Z 平面的交点

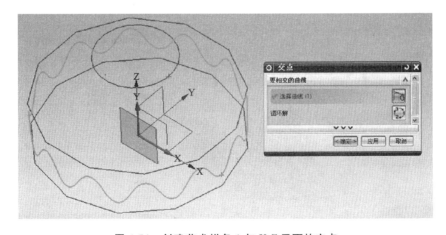

图 4-54 创建艺术样条 1 与 X-Z 平面的交点

② 创建草图 2——直线,将两交点连接起来,如图 4-55 所示。

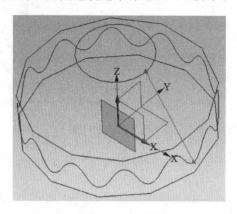

图 4-55　创建草图 2

(7) 灯罩的曲面创建。在"曲面"工具条中选择"扫掠"按钮 ,如图 4-56 所示。草图 1 和艺术样条 1 作为截面曲线线串,如图 4-57 所示。草图 2 作为引导线串,如图 4-58 所示。创建曲面,如图 4-59 所示。完成后,对曲面进行加厚,偏置 1 厚度为 1,偏置 2 的厚度为 0,如图4-60所示。

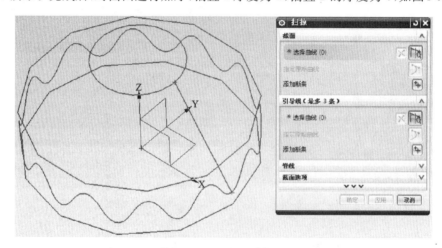

图 4-56　"扫掠"对话框

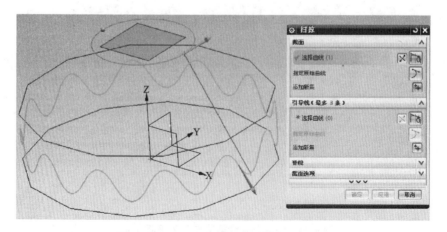

图 4-57　选择截面线串 1 和 2

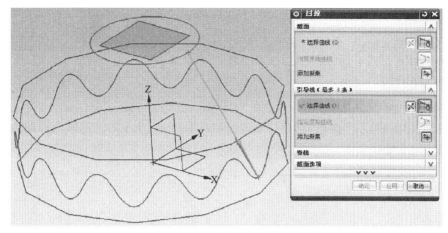

图 4-58　选择引导线串

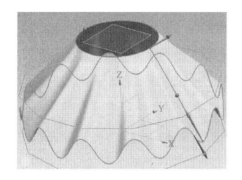

图 4-59　创建灯罩曲面

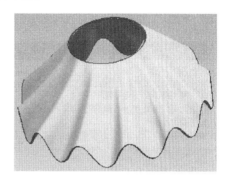

图 4-60　加厚形成实体

项目 4-2　鼠 标 设 计

4.2.1　学习任务和知识要点

1. 学习任务

完成如图 4-61 所示鼠标设计。

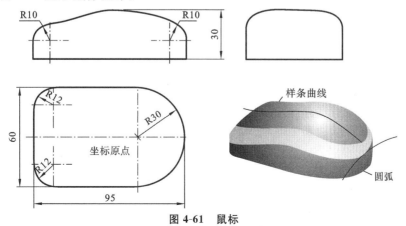

图 4-61　鼠标

2．知识要点

（1）鼠标轮廓分析。

（2）鼠标线框轮廓的构建。

（3）由鼠标线框轮廓生成曲面。

（4）鼠标曲面的实体化。

圆弧在平行于 OYZ 平面内，圆心(30,0,−95)，半径 R＝10，要求圆弧沿样条曲线平行移动，样条曲线值点坐标为(−70,0,20)、(−40,0,25)、(−20,0,30)、(30,0,15)。

4.2.2　相关知识点

1．抽壳

一个实体以一定的厚度进行抽壳，可以生成薄壁体或壳体。薄壁体或壳体的厚度可以相同，也可以不同，如图 4-62 所示为"抽壳"对话框。

（a）　　　　　　　　　　　　　　　（b）

图 4-62　"抽壳"对话框

（1）类型。有两个选项。

移除面，然后抽壳——该选项可以指定从壳体中移除的面。

对所有面抽壳——该选项生成的壳体将是封闭壳体。

（2）厚度。该选项规定壳的厚度。

（3）备选厚度。该栏选择面并调整在该面上的抽壳厚度。

（4）设置。设置相切边和公差等参数。

2．偏置曲面

"偏置曲面"指定以某个曲面作为基面，指定偏置的距离后，系统将沿着基面的法线方向偏置基面的方法。如图 4-63 所示为"偏置曲面"对话框。

（1）要偏置的面。单击"面"按钮 ，选择一个面，面上会出现一个箭头，显示面的正法线方向。"偏置 1"输入框,用来显示偏置距离。单击"反向"按钮 ⊠ ,用来改变正法线方向。

（2）特征。"特征"栏的"输出"有两个选项。

每个面对应一个特征——指定新创建的偏置曲面使用另外一个曲面特征,即新创建的偏置曲面与相连面的特征相同。

所有面对应一个特征——指定新创建的偏置曲面使用另外一个曲面特征,即新创建的偏置曲面与相连面的特征不相同。

在选择"所有面对应一个特征"选项时,"输出"项下方会出现"面的法向"选项,其中包括两种类型,如图 4-64 所示。

使用现有的——指定新创建的偏置曲面使用现有的面的法线。

从内部点——指定新创建的偏置曲面的法线方向根据用户选择的一个内部点确定。

（3）设置。"设置"栏中有两个选项,如图 4-65 所示。

图 4-63　"偏置曲面"对话框

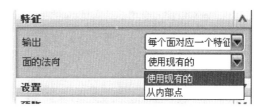

图 4-64　"每个面对应一个特征"选项

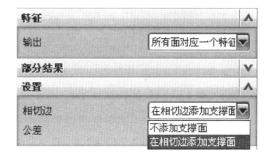

图 4-65　"设置"栏选项

在"输出"项中选择"所有面对应一个特征"选项时,"设置"栏中"相切边"选项有"不添加支撑面"和"在相切边添加支撑面"两个选项。

不添加支撑面——指定不需要在相切边添加支撑面,此选项为系统默认。

在相切边添加支撑面——指定新创建的偏置曲面在相切边添加支撑面。

3. 投影曲线

"投影曲线"用于将曲线或点沿某一方向投影到现有曲面、平面或参考平面上。但是投影曲线若与面上的孔或面上的边缘相交,则投影曲线会被面上的孔和边缘所修剪。图 4-66 所示为"投影曲线"对话框。其"投影方向"选项包括 5 种投影方向的确认方法。

沿面的法向——该方式是指沿所选投影面的法向方向投影面或者投影曲线。

朝向点——该方式是指将要投影的曲线朝着一个点的方向选取的投影面投影曲线。

朝向直线——该方式是指沿垂直于选定直线或参考轴的方向,向选取的投影面投影曲线。

沿矢量——该方式是指沿设定矢量方向,向选取的投影面投影曲线。

与矢量成角度——该方式是指沿与设定矢量方向成一角度的方向,向选取的投影面投影曲线。

4．拔模

"拔模"是对目标体的表面或者边缘按指定的拔模方向拔一定大小的锥度,拔模角有正负之分,正的拔模角使拔模体向拔模矢量中心靠拢,负的拔模角则反之。拔模时,拔模表面和拔模基准面不能平行,如图 4-67 所示"拔模"对话框,其"类型"栏中包括 4 种拔模类型。

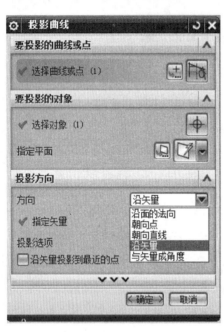

图 4-66 "投影曲线"对话框

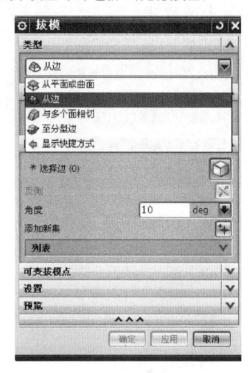

图 4-67 "拔模"对话框

从平面或曲面——需要依次设置脱模方向、固定面、拔模表面和拔模角度。

从边——对指定的一边缘组拔模。从边拔模可以进行变角度拔模,也可以采用恒定半径值拔模。

与多个面相切——针对具有相切面的实体表面进行拔模。能保证拔模后的面仍然相切。该拔模方式中拔模角度不能为负值。

至分型边——按一定的拔模角度和参考点,沿一分裂线组对目标体进行拔模操作。

4.2.3 操作步骤

1．设计分析

该鼠标结构比较简单,主要是由上表面、侧面、底面组成的。在绘图时,先利用空间曲线完成鼠标各个表面框架的搭建,再利用"通过曲线网格"指令将曲线转换为曲面,并将曲面实体化,完成鼠标的创建。

2．操作步骤

(1) 新建模型文件。单击"新建"按钮 ,在打开的"新建"对话框中输入文件名称为"shubiao.prt",单位设置为 mm,注意要设置工作目录,NX 默认文件保存路径在 UGⅡ文件夹里,单击"确定"按钮,进入 UG NX 8.5 建模环境。

（2）显示基准坐标系。绘图过程中,在导航工具条中右键单击"基准坐标系",选择菜单中"显示"才能看到基准坐标系。

（3）利用空间曲线创建鼠标线框。

① 利用"曲线"工具条中的"直线"、"圆弧"、"倒圆角"按钮创建底部轮廓曲线,如图 4-68 所示。

② 创建平行于 Y-Z 平面的圆,如图 4-69 所示。

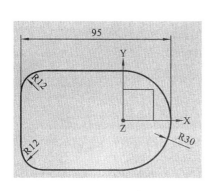

图 4-68　底部轮廓曲线

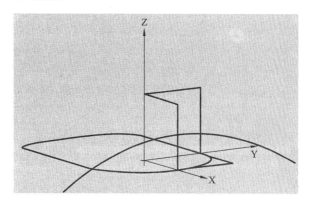

图 4-69　圆弧在平行于 Y-Z 平面内,圆心(30,0,−95),
半径 R＝110

③ 利用基点创建艺术样条,基点坐标(−70,0,20)、(−40,0,25)、(−20,0,30)、(30,0,15),在"艺术样条"按钮中"类型"选择"通过点",在"参数化"选项中"次数"输入 2,其他参数默认,创建的艺术样条如图 4-70(a)、(b)所示。

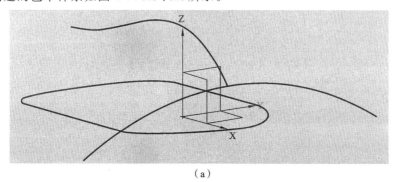

（a）

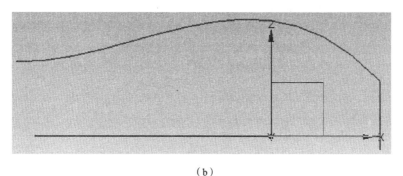

（b）

图 4-70　创建的艺术样条

④ 利用"曲面"工具条中的"扫掠"按钮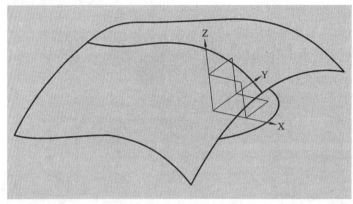创建鼠标的上表面，以半径 R100 的圆弧为截面曲线，艺术样条为引导曲面，创建片体 1，如图 4-71 所示。

图 4-71　创建鼠标上表面

⑤ 利用"特征"工具条中的"拉伸"按钮，将底部轮廓曲线沿着 Z 轴的正方向拉伸 40，创建片体 2。在拉伸"设置"中，"体类型"选择片体，如图 4-72 所示。

图 4-72　沿着 Z 轴正方向拉伸底部轮廓曲线

⑥ 利用"曲面"工具条中的"N 边曲面"按钮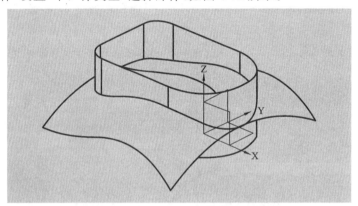，将片体 2 封底，得到片体 3，如图 4-73所示。

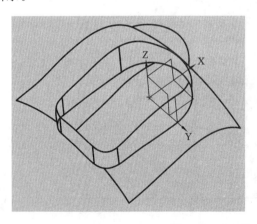
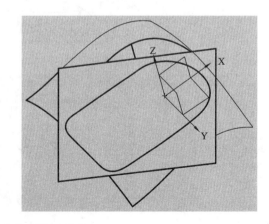

图 4-73　利用"N 边曲面"创建片体 3

⑦ 利用"特征"工具条中的"修剪片体"按钮 ，将片体 1、片体 2、片体 3 中多余的部分裁剪掉，如图 4-74 所示。

⑧ 将 R100 的圆弧、艺术样条、基准坐标系隐藏，利用"特征"工具条中的"缝合"按钮 ，对片体 1、片体 2、片体 3 裁剪剩下的部分进行缝合，并将上表面和侧面的交线处进行倒圆，倒圆半径为 10，如图 4-75 所示。

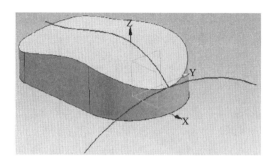

图 4-74　裁剪多余的部分

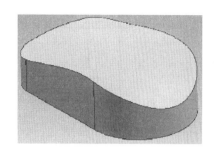

图 4-75　缝合

⑨ 利用"特征"工具条中的"加厚"按钮 ，给缝合后的片体在"偏置 1"方向上加厚，厚度为 1，如图 4-76 所示。

4.2.4　本项目操作技巧总结

通过鼠标的设计，可以概括出以下几项知识和操作要点。

(1) 对所设计的零部件，要能将其抽象为线框结构。

(2) 对于曲线的创建，要灵活地使用坐标点进行定位。

(3) 在使用"扫掠"时，截面曲线和引导曲线要选择正确。

(4) 修剪片体时，注意哪些部分是要保留的，哪些是要舍弃的，选择正确的修剪边界。

(5) 要先缝合片体之后，再倒圆，最后加厚，创建顺序不要颠倒。

图 4-76　加厚

4.2.5　上机实践 13——手机外壳的设计

本训练项目是用 UG 的建模模块完成图 4-77 所示手机外壳的设计。

操作步骤如下。

图 4-77　手机外壳

1. 新建模型文件

单击"新建"按钮 ，在打开的"新建"对话框中输入文件名称为"shoujiwaike. prt"，单位设置为 mm，注意要设置工作目录，NX 默认文件保存路径在 UGⅡ文件夹里，单击"确定"按钮，进入 UG NX 8.5 建模环境。

2. 创建手机外形

(1) 使用 X-Y 基准平面作为草图平面，创建截面曲线 1，如图 4-78 所示。完成后拉伸，拉伸长度为 40，得到实体 1，如图 4-79 所示。

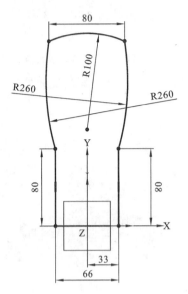

图 4-78　创建截面曲线 1

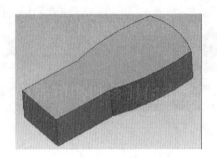

图 4-79　创建实体 1

（2）创建手机顶部、底部曲面。

① 使用 Y-Z 基准平面作为草图平面，创建上表面曲线 2，如图 4-80 所示。曲线 2 是由从左至右四段圆弧组成，四段圆弧半径都为 450，而且首尾相切。最左边圆弧的右端点，在 Z 轴上。将实体 1 隐藏，便于观察构图。

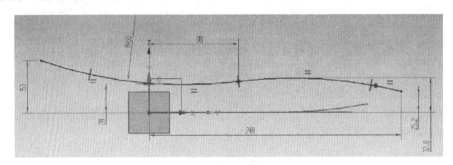

图 4-80　创建曲线 2

图 4-81　创建曲线 3

② 使用 X-Z 基准平面作为草图平面，创建上表面曲线 3。曲线 3 为半径为 260 的圆弧，圆心为（0，−235），如图 4-81 所示。

③ 再使用 Y-Z 基准平面作为草图平面，创建下表面曲线 4，长 130 的直线，半径 460 的圆弧，如图 4-82 所示。

④ 完成后的曲线 2、曲线 3、曲线 4，如图 4-83 所示。

⑤ 利用"曲面"工具条中"扫掠"按钮，以曲线 3 为截面线串，以曲线 2 为引导线串，创建手机顶部曲面片体 1，如图 4-84 所示。

⑥ 利用"特征"工具条中"拉伸"按钮，将顶部曲面隐藏，创建手机底部曲面片体 2，如图 4-85、图 4-86 所示。

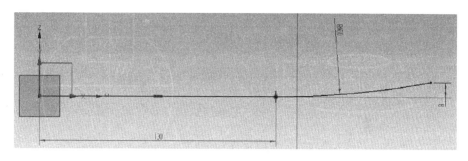

图 4-82　创建曲线 4

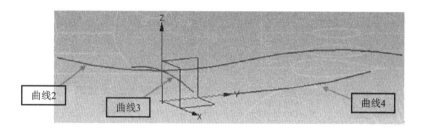

图 4-83　曲线 2、曲线 3、曲线 4

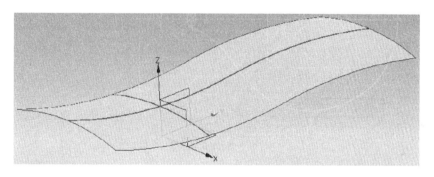

图 4-84　手机顶部表面片体 1

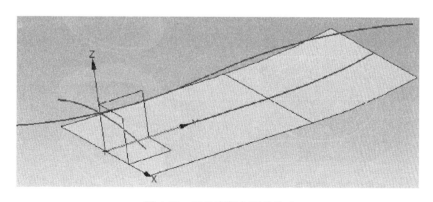

图 4-85　手机底部曲面片体 2

⑦ 裁剪。利用"特征"工具条中的"修剪体"按钮 ，以片体 1 和片体 2 为工具,分别裁剪实体 1,得到实体 2,如图 4-87 所示。将除实体 2 以外的曲线和片体都隐藏。

⑧ 对实体 2 的边缘倒圆角,如图 4-88、图 4-89 所示。

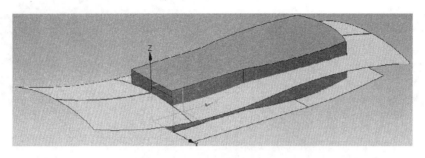

图 4-86　利用片体修剪实体

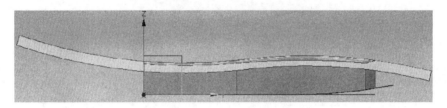

图 4-87　片体 1 和片体 2 分别裁剪实体 1

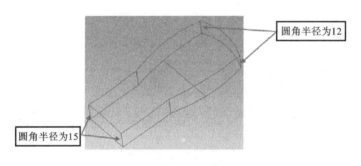

图 4-88　实体 2

⑨ 利用"特征"工具条中的"抽壳"按钮 ，对实体 2 进行抽壳，删除实体 2 底部表面，抽壳的厚度为 1.5，如图 4-90 所示。

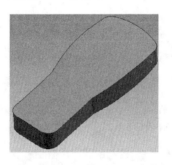

图 4-89　倒圆角

图 4-90　实体 2 抽壳，删除底部表面

3. 创建手机屏幕边框

（1）使用 X-Y 基准平面作为草图平面，创建曲线组 1，曲线组包括半径为 100 的圆弧曲线 a，半径为 200 的圆弧曲线 b，长度为 56 的直线 c，如图 4-91 所示。

（2）利用"特征"工具条中的"偏置曲面"按钮 ，将实体 2 的上表面沿 Z 轴负方向偏置

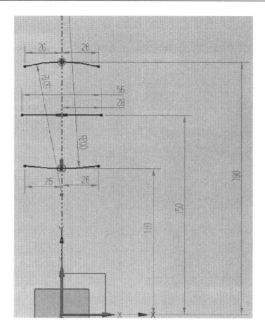

图 4-91 曲线组 1

—4,得到片体 3,如图 4-92 所示。

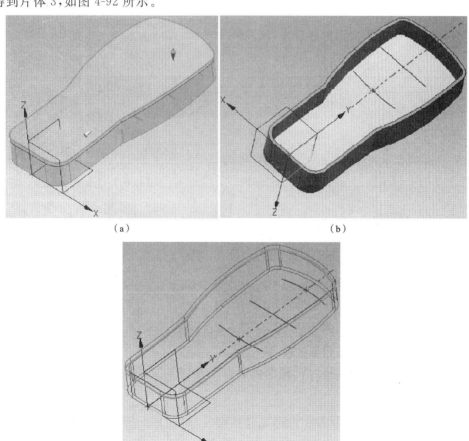

（a）   （b）

（c）

图 4-92 片体 3

（3）投影曲线。利用"曲线"工具条上的"投影曲线"按钮，将圆弧曲线 a 沿 Z 的正方向投影到实体 2 的上表面，将圆弧曲线 b 和直线 c 沿 Z 的正方向投影到片体 3 上，如图 4-93 所示。

（4）利用"曲面"工具条中的"通过曲线组"功能，将步骤（3）中的 3 条投影曲线作为截面曲线，创建片体 4，如图 4-94 所示。

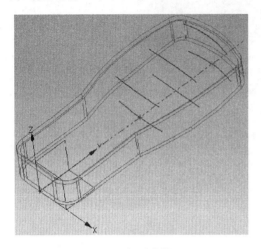

图 4-93　投影曲线组

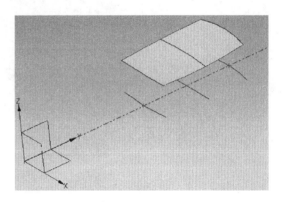

图 4-94　创建片体 4

（5）将片体 4 沿 Z 轴方向对称拉伸，拉伸高度为 50，然后与实体 3 求差，最后将片体 4 隐藏，如图 4-95 所示。

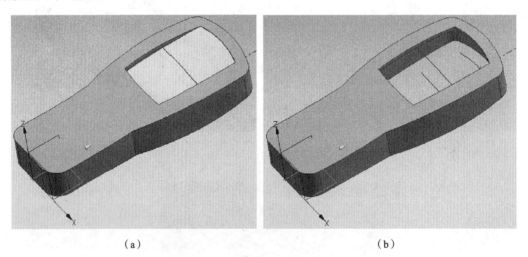

（a）　　　　　　　　　　　　　（b）

图 4-95　拉伸片体 4 并与实体 3 求差

（6）对屏幕边框三条实体边缘拔模，拔模角 45°，如图 4-96 所示。

（7）倒圆。边缘倒圆角半径为 6，轮廓倒圆为 5，如图 4-97、图 4-98 所示。

4. 按键轮廓创建

（1）以 X-Y 基准平面作为草图平面，创建按键区，如图 4-99 所示绘制曲线组，完成后退出草图。

（2）再以 X-Y 基准平面作为草图平面，创建矩形。矩形的起点为（12,25,0），终点为

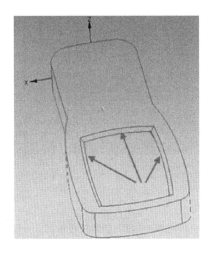

图 4-96　拔模

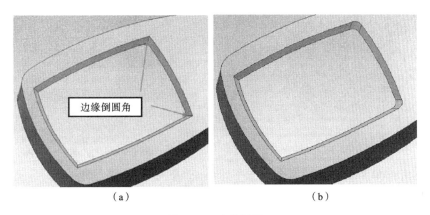

（a）　　　　　　　　　　　　　（b）

图 4-97　边缘倒圆

（24,34,0），并对四个角倒圆,倒圆半径为 3。将矩形曲线框拉伸,与手机外壳实体求差,如图 4-100 所示。

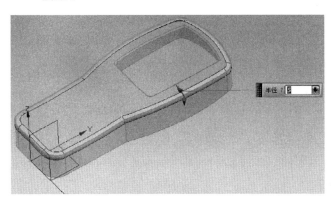

图 4-98　轮廓倒圆

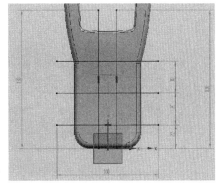

图 4-99　绘制曲线组

（3）再以 X-Y 基准平面作为草图平面,创建 3 个椭圆按键曲线,如图 4-101 所示。

① 第 1 个椭圆圆心(0,100,0),长轴半径 10,短轴半径 5。

② 第 2 个椭圆圆心(20,95,0),长轴半径 12,短轴半径 5,旋转角度 45°。

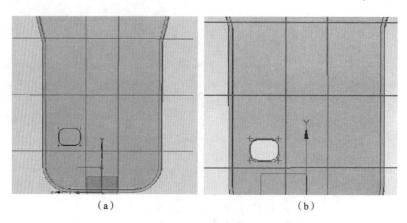

（a）　　　　　　　　　　（b）

图 4-100　创建按键曲线

③ 第 3 个椭圆圆心（−20,95,0），长轴半径 12，短轴半径 5，旋转角度−45°。

（4）将 3 个椭圆按键曲线沿 Z 轴正向拉伸，与手机外壳实体求差，如图 4-102 所示。

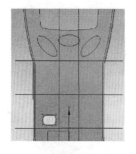
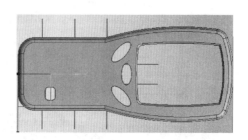

图 4-101　创建椭圆按键　　　　　图 4-102　创建按键

（5）利用"特征"工具条中的"阵列"特征，将矩形按键实体轮廓，进行线性阵列。沿 X 轴负方向阵列的个数为 3，节距为 18，沿 Y 轴正方向阵列的个数为 4，节距为 15，如图 4-103、图 4-104 所示。

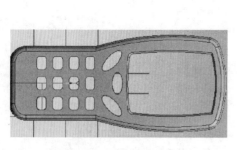

图 4-103　阵列矩形实体轮廓　　　　图 4-104　手机外壳

单 元 小 结

本单元主要介绍了 UG NX 8.5 曲面造型的基本方法，是曲面造型最基本也是最重要的内容,灵活运用各种曲线进行构图、造型,能生成各种复杂的曲面。

思考与练习

1. 创建如图 4-105 所示的五角星。

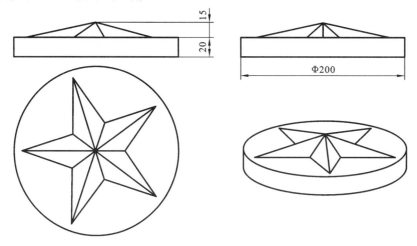

图 4-105

2. 创建如图 4-106 所示的曲面。

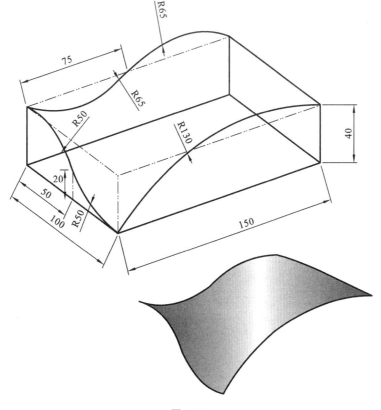

图 4-106

3. 按照图 4-107 创建曲面。

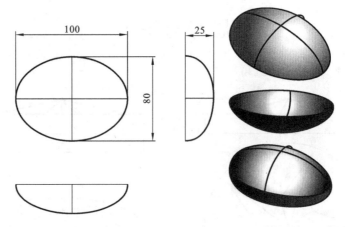

图 4-107

4. 完成图 4-108 所示水瓶的设计。

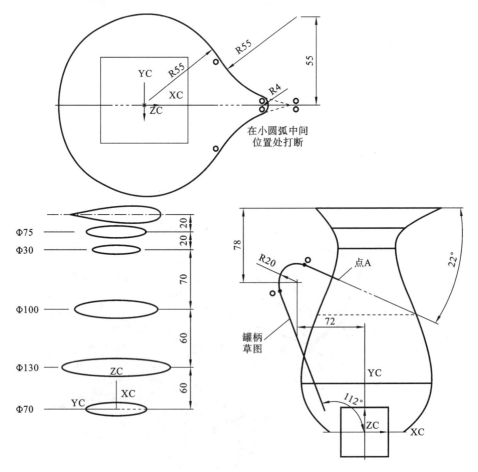

图 4-108

第5单元 装配设计

本单元介绍 UG NX 8.5 装配建模的基本操作方法和操作技巧,理解 UG 虚拟装配的一般思路及自底向上的装配方法;主要内容包括装配过程中零件的定位方式、装配约束以及装配爆炸图。

装配建模功能是 UG NX 8.5 的一个主要功能,也是本书的重点章节之一,学习过程中一定要仔细领悟,以便在操作过程中能够灵活运用各种操作技巧及方法。

本单元学习目标

(1) 了解装配建模基本概念和自底向上的装配方法。

(2) 熟悉装配过程中零件的定位方法。

(3) 理解并灵活运用各种装配约束。

(4) 能创建装配件的爆炸视图。

项目 5-1 曲柄活塞装配

5.1.1 学习任务和知识要点

1. 学习任务

完成如图 5-1 所示曲柄活塞的装配。

2. 知识要点

(1) 新建装配文件。

(2) 在装配文件中,添加零件。

(3) 装配约束。

(4) 装配爆炸图。

5.1.2 相关知识点

1. 装配概述

装配是将产品零件进行组织、定位、约束的过程,可形成产品的总体结构和装配图,装配设计的方法分为以下三种。

(1) 自底向上装配。先建立单个零件的几何模型,再装配成子装配体,最后组装成装配体,自底向上逐级地进行

图 5-1 曲柄活塞三维装配

设计。

(2) 自顶向下装配。自顶向下装配是指在装配级中创建与其他部件相关的部件模型,是在装配部件的顶级向下产生子装配和部件(零件)的装配方法。

(3) 混合装配。混合装配是将以上两种装配方法结合在一起的装配方法。

2. 添加组件

(1) 使用添加组件命令可以将一个或多个部件添加到工作部件。注意:可以载入单个零件,也可以是已经装配完成的装配部件作为"子装配"载入。

(2) 把部件(零件)添加到装配文件中的定位方式有四种。

① 绝对原点:将部件(的工作坐标系)放置在绝对原点(0,0,0)上。

② 选择原点:将部件(的工作坐标系)放置在人为选择的点上。

③ 通过约束:选择该选项,后续系统会自动打开"装配约束"对话框进一步完成部件的定位。

④ 移动组件:选择该选项,后续可人工移动组件到合适的位置。

3. 装配约束

使用装配约束命令可以定义组件在装配中的位置,装配约束的类型如下。

(1) 接触对齐。

◆ 接触:约束对象,使其平面的法向方向相反。

◆ 对齐:约束对象,使其平面的法向方向相同。

◆ 自动判断中心/轴:约束两个圆柱面或者其轴线,使其轴线重合。

(2) 同心。约束两个组件的圆形边或椭圆形边,使其中心点重合。

(3) 距离。指定两个对象之间的最小 3D 距离。

(4) 固定。将组件固定在其当前位置上。

(5) 平行。将两个对象的方向矢量定义为相互平行。

(6) 垂直。将两个对象的方向矢量定义为相互垂直。

(7) 拟合。将半径相等的两个圆柱面结合在一起。

(8) 胶合。将组件"焊接"在一起,使它们作为刚体一起移动。

(9) 中心。

◆ 1 对 2:使一个对象约束到两个对象的中心。

◆ 2 对 1:自动捕捉两个对象中心,这两个对象的中心与另一个对象重合。

◆ 2 对 2:分别自动捕捉两组对象的中心,使其中心重合。

(10) 角度。定义两个对象之间的角度尺寸。

◆ 3D 角:在不需要已定义旋转轴的情况下在两个对象之间定义角度。

◆ 定位角:使用选定的旋转轴测量两个对象之间的角度约束。

4. 装配爆炸图

装配爆炸图是在装配的环境下,把已装配的组件拆分开来,显示整个装配的组成状况。

5. 装配导航器

装配导航器提供了一个装配结构的树状图形显示界面,显示在软件左边的资源条栏中。

6. 约束导航器

约束导航器可以在工作部件中分析、组织和处理装配约束,与装配导航器一起都显示在软件左边的资源栏中。

5.1.3　操作步骤

1. 新建装配文档

在菜单中单击"文件"→"新建",建立一个新的模型文件,以文件名"trace_asm1.prt"保存该装配文件到零件所在文件夹,如图 5-2 所示。单击"确定"按钮,弹出"添加组件"对话框,如图 5-3 所示,开始装配。

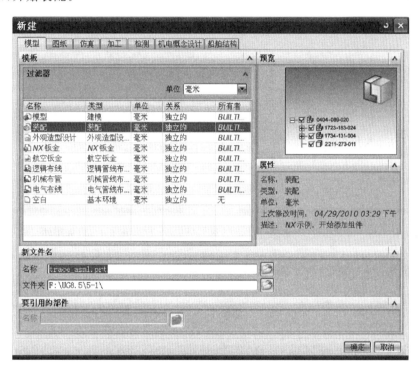

图 5-2　新建装配文档

2. 装配活塞

在"添加组件"对话框中,单击"打开"按钮,在弹出的对话框中选择 piston_head.prt 文件,在"放置"选项的"定位"栏中选择"绝对原点",单击"应用"按钮,完成活塞的载入,如图 5-4 所示。

3. 装配连杆

继续在"添加组件"对话框中单击"打开"命令,在弹出的对话框中选择 con_rod.prt 文件,在"放置"选项的"定位"栏中选择"通过约束",单击"确定",系统自动打开"装配约束"对话框,如图 5-5 所示。

在"类型"栏中选择"接触对齐","方位"中选择"自动判断中心/轴",选择如图 5-6 所示的面,在"装配约束"对话框中勾选"在主窗口中预览组件",单击"应用"按钮,完成后如图 5-7 所示。

继续在"类型"栏中选择"中心",在"子类型"中选择"2 对 2",选择如图 5-8 所示的面,面 1、面 2 为一组,面 3、面 4 为一组,单击"应用"按钮,完成后如图 5-9 所示。

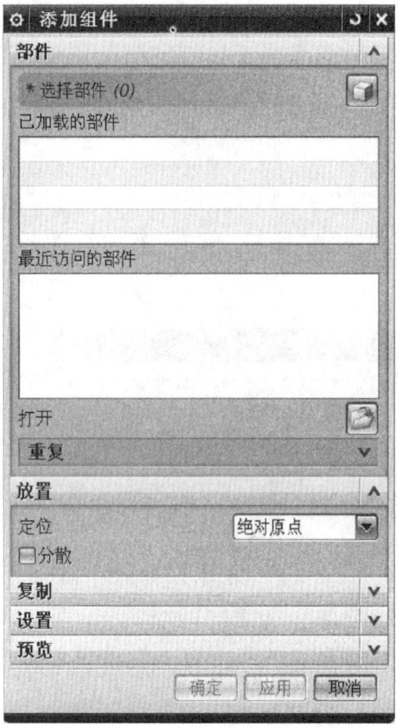

图 5-3 “添加组件”对话框

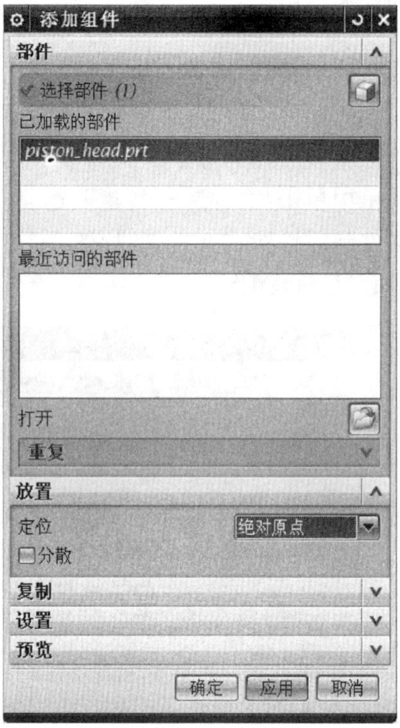

图 5-4 添加组件

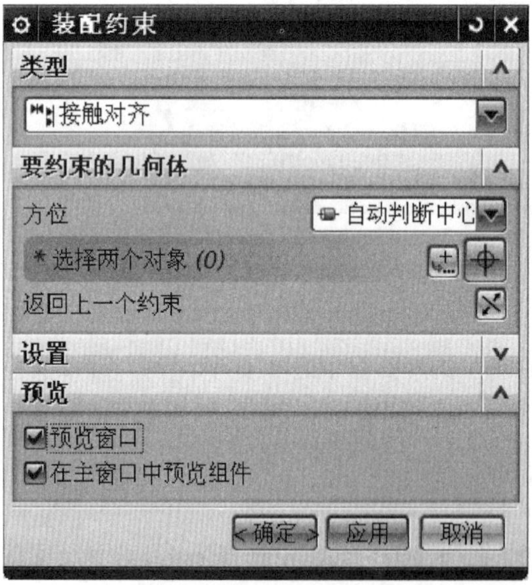

图 5-5 “装配约束”对话框

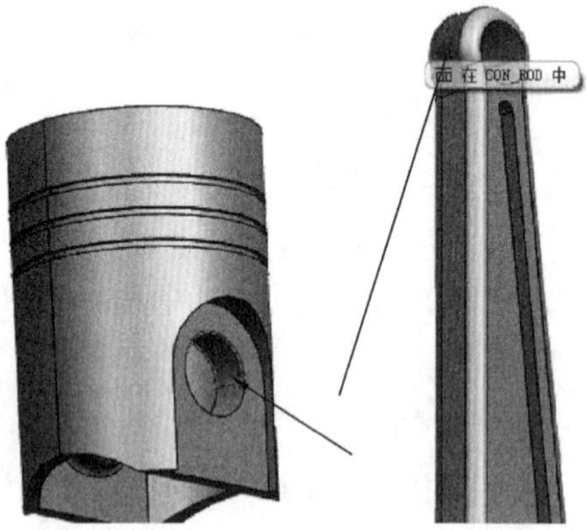

图 5-6 选择约束的面

4. 装配曲柄

继续在“添加组件”对话框中单击“打开”命令，在弹出的对话框中选择 crank_shaft.prt 文件，在“放置”选项的“定位”栏中选择“通过约束”，单击“确定”按钮，系统自动打开“装配约束”对话框。在“类型”栏中选择“接触对齐”，“方位”中选择“自动判断中心/轴”，选择如图 5-10 所示的面，单击“应用”按钮，完成后如图 5-11 所示。

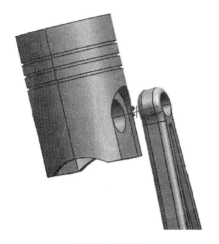

图 5-7　效果图

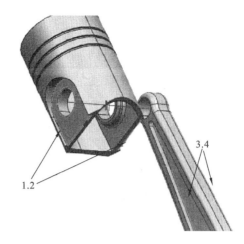

图 5-8　选择约束的面

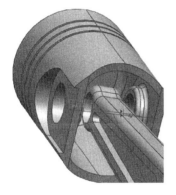

图 5-9　效果图

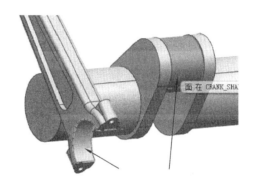

图 5-10　选择约束的面

　　继续在"类型"栏中选择"中心",在"子类型"中选择"2 对 2",选择如图 5-12 所示的面,面 1、面 2 为一组,面 3、面 4 为一组,单击"确定"按钮,完成后如图 5-13 所示。

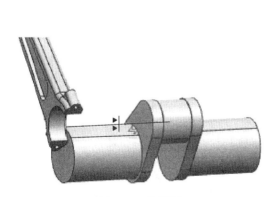

图 5-11　效果图

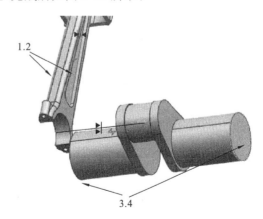

图 5-12　选择约束的面

5. 装配连杆盖

　　继续在"添加组件"对话框中单击"打开"命令,在弹出的对话框中选择 end_cap. prt 文件, 在"放置"选项的"定位"栏中选择"通过约束",单击"确定",系统自动打开"装配约束"对话框。

在"类型"栏中选择"接触对齐","方位"中选择"自动判断中心/轴",选择如图 5-14 所示的面，单击"确定"按钮，完成后如图 5-15 所示。

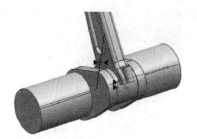

图 5-13　效果图

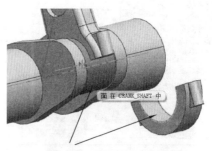

图 5-14　选择约束的面

图 5-15　效果图

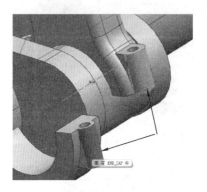

图 5-16　选择约束的面

继续在"类型"栏中选择"接触对齐","方位"中选择"自动判断中心/轴",选择如图 5-16 所示的面,在"装配约束"对话框中勾选"在主窗口中预览组件",单击"确定"按钮,完成后如图5-17所示。

图 5-17　效果图

6. 装配机壳

继续在"添加组件"对话框中单击"打开"命令,在弹出的对话框中选择 block.prt 文件,在"放置"选项的"定位"栏中选择"通过约束",单击"确定",系统自动打开"装配约束"对话框。在"类型"栏中选择"接触对齐","方位"中选择"自动判断中心/轴",选择如图 5-18 所示的面,单击"应用",完成后如图 5-19 所示。

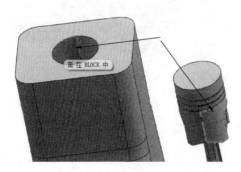

图 5-18　选择约束的面

图 5-19　效果图

继续在"类型"栏中选择"接触对齐","方位"中选择"自动判断中心/轴",选择如图 5-20 所示的面,单击"确定"按钮,完成曲柄活塞的安装,如图 5-21 所示,单击"保存"按钮,保存装配文件。

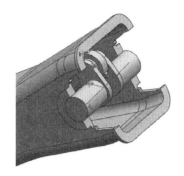

图 5-20　选择约束的面　　　　　　图 5-21　效果图

7. 爆炸视图

在装配工具栏中单击"爆炸图"按钮,打开"爆炸图"工具栏,如图 5-22 所示。

图 5-22　"爆炸图"工具栏

单击"新建爆炸图"命令,新建一个爆炸视图,并命名为 VIEW01,单击"确定"按钮,新建一个空白的爆炸视图。单击"编辑爆炸图"命令,弹出"编辑爆炸图"面板,利用这个面板,按该装配件的拆卸顺序放置零件。

选中"选择对象",选择如图 5-23 所示的零件,然后在命令面板中选中"移动对象",这时,在绘图区中出现了移动手柄,沿图所示的 Y 方向移动选中的零件,移动到合适的位置,单击"确定"按钮,完成后的效果如图 5-24 所示。

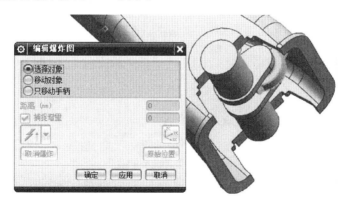

图 5-23　选择要爆炸(拆卸)的零件

继续单击"编辑爆炸图"命令,打开"编辑爆炸图"面板,选中"选择对象",在绘图区中选中曲柄零件,然后在面板中选中"移动对象",拖动移动手柄的 Y 轴,移动曲柄到如图 5-25 所示的位置,单击面板上的"确定"按钮完成该零件的拆卸。

继续单击"编辑爆炸图"命令,打开"编辑爆炸图"面板,选中"选择对象",在绘图区中选中机壳零件,然后在面板中选中"移动对象",拖动移动手柄的 Y 轴,移动机壳到如图 5-26 所示的位置,单击面板上的"确定"按钮完成机壳零件的爆炸。

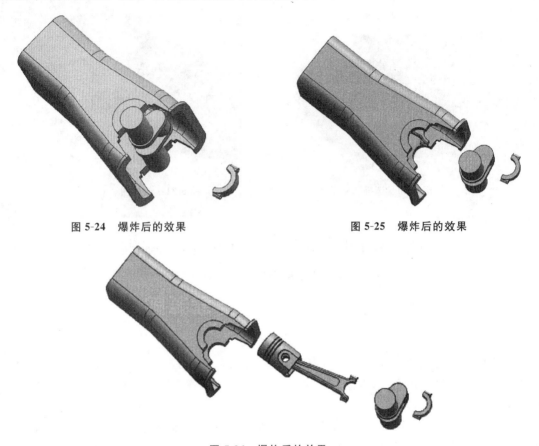

图 5-24　爆炸后的效果　　　　　　　图 5-25　爆炸后的效果

图 5-26　爆炸后的效果

用同样的方法,拆卸连杆,完成后如图 5-27 所示,完成整个爆炸视图的创建。

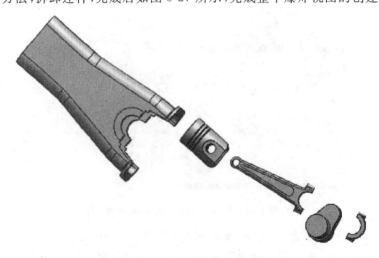

图 5-27　最终的爆炸视图

如果要切换回无爆炸视图,可以如图 5-28 所示,选择"无爆炸",就返回到最初的装配状态。

图 5-28 切换回无爆炸视图

5.1.4 本项目操作技巧总结

（1）本案例中用得最多的约束类型为中心，也可利用"距离"来代替"中心"达到相同的装配关系。

（2）装配完成后，如果需要把视图中显示的约束隐藏，可以在"装配导航器"中，用鼠标在"约束"处单击右键，并在弹出的列表中取消勾选"在图形窗口中显示约束"。

（3）装配爆炸视图，除了手动"编辑爆炸视图"外，也可以先利用"自动爆炸组件"，然后再利用"编辑爆炸视图"对自动爆炸的组件进一步编辑修改。

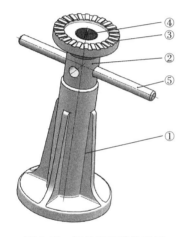

图 5-29 千斤顶三维装配图

5.1.5 上机实践 14——千斤顶的装配

根据提供的零件，完成如图 5-29 所示"千斤顶"的装配设计，并创建爆炸图。

本训练项目是用 UG 的建模模块完成"千斤顶"的装配设计。本装配设计主要由 5 个零件组成。

操作步骤：

（1）先新建一个空的模型文件，然后打开装配命令面板，进入装配环境。

（2）把零件 1 通过绝对原点的方式装配好。

（3）分别通过约束的方式装配零件 2、零件 3、零件 4 和零件 5。

项目 5-2 滑块联轴器装配

5.2.1 学习任务和知识要点

1. 学习任务

完成如图 5-30 所示曲柄活塞装配。

2. 知识要点

（1）新建装配文件。

（2）在装配文件中添加零件。

（3）装配约束。

（4）装配爆炸图。

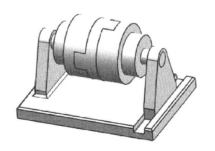

图 5-30 曲柄活塞三维装配

5.2.2　相关知识点

(略,见5.1.2)

5.2.3　操作步骤

1.新建装配文档

在菜单中单击"文件"→"新建",建立一个新的模型文件,以文件名"lianzhouqi_asm.prt"保存该装配文件到零件所在文件夹,单击"确定"按钮,如图5-31所示。

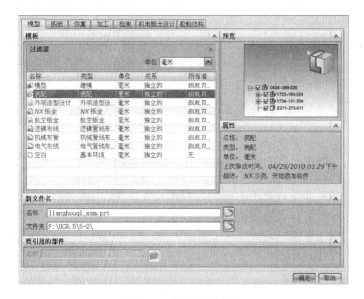

图 5-31　新建装配文档

图 5-32　"装配"工具栏

2.插入机架

在如图5-32所示的"装配"工具栏中单击"添加组件" 命令,弹出如图5-33所示的"添加组件"对话框,单击"打开"按钮,在弹出的对话框中选择"jijia.prt"文件,在"放置"选项的"定位"栏中选择"绝对原点",单击"应用",完成机架的载入。

3.插入活动机架

继续在"添加组件"对话框中单击"打开"命令,在弹出的对话框中选择"huodongjijia.prt"文件,在"放置"选项的"定位"栏中选择"通过约束",单击"确定",进入"装配约束"对话框,如图5-34所示。在"装配约束"对话框的"类型"栏中选择"接触对齐",在"方位"中选择"接触",选择如图5-35所示的面,在"装配约束"对话框中勾选"在主窗口中预览组件",单击"应用",完成后如图5-36所示。

继续在"类型"栏中选择"中心",在"子类型"中选择"2对2",选择活动机架和机架如图5-37所示的面,单击"应用"按钮,完成后如图5-38所示。

继续在"类型"栏中选择"中心",在"子类型"中选择"2对2",选择活动机架和机架上如图5-39所示的面,单击"确定"按钮,完成活动机架的安装,如图5-40所示。

图 5-33 "添加组件"对话框

图 5-34 "装配约束"对话框

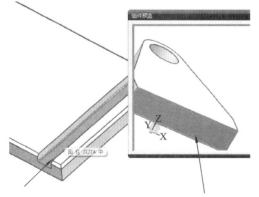

图 5-35 选择约束的面

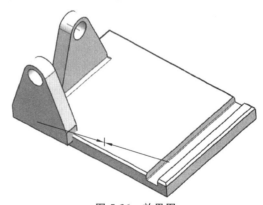

图 5-36 效果图

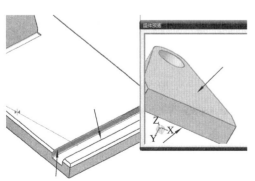

图 5-37 选择约束的面

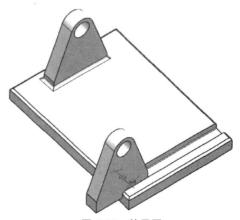

图 5-38 效果图

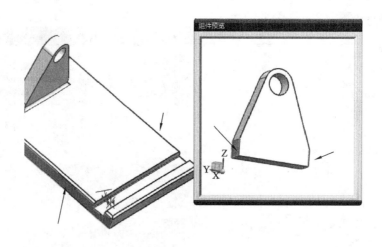

图 5-39   选择约束的面

4. 装配半联轴器

单击菜单"装配"→"组件"→"添加组件",弹出"添加组件"对话框,单击"打开"按钮,在弹出的对话框中选择"banlianzhouqi. prt"文件,在"放置"选项的"定位"栏中选择"通过约束",单击"确定",进入"装配约束"对话框。在"装配约束"对话框中的"类型"栏中选择"接触对齐",在"方位"中选择"自动判断中心/轴",在绘图区中选择如图 5-41 所示的圆柱面,单击"应用"按钮,完成后如图 5-42 所示。

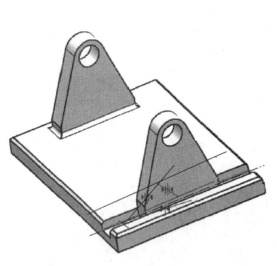

图 5-40   效果图

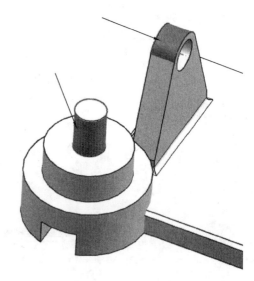

图 5-41   选择约束的面

继续在"类型"栏中选择"接触对齐",在"方位"中选择"对齐",在绘图区中选择如图 5-43 所示的平面,单击"确定"按钮,完成半联轴器的装配,如图 5-44 所示。

同样的方法,装配另外一个半联轴器,完成后如图 5-45 所示。

5. 装配滑块

选择"装配"→"组件"→"添加组件",弹出"添加组件"对话框,单击"打开"按钮,在弹出的

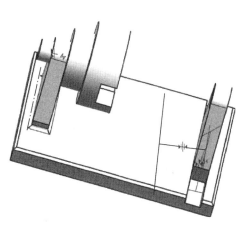

图 5-42 效果图

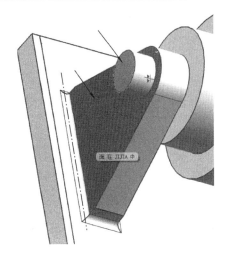

图 5-43 选择约束的面

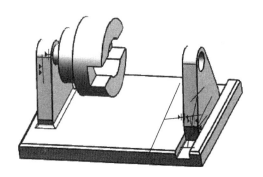

图 5-44 效果图

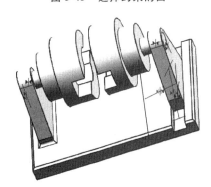

图 5-45 效果图

对话框中选择"huakuai.prt"文件,在"放置"选项的"定位"栏中选择"通过约束",单击"确定"按钮,进入"装配约束"对话框。在"装配约束"对话框的"类型"栏中选择"接触对齐",在"方位"中选择"自动判断中心/轴",在绘图区中选择如图 5-46 所示的圆柱面,单击"应用"按钮,完成后如图 5-47 所示。

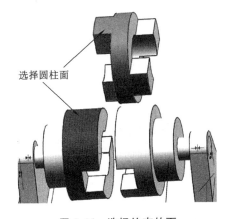

选择圆柱面

图 5-46 选择约束的面

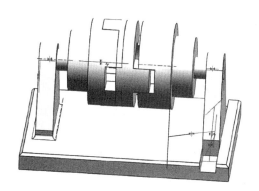

图 5-47 效果图

继续在"类型"栏中选择"接触对齐",在"方位"中选择"接触",在绘图区中选择如图 5-48 所示的平面,单击"应用"按钮,结果如图 5-49 所示。

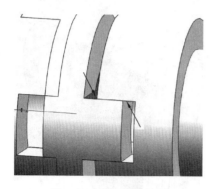

图 5-48　选择约束的面

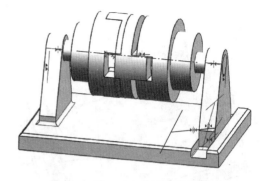

图 5-49　效果图

继续在"类型"栏中选择"接触对齐"，在"方位"中选择"接触"，在绘图区中选择如图 5-50 所示的平面，单击"应用"按钮，结果如图 5-51 所示。

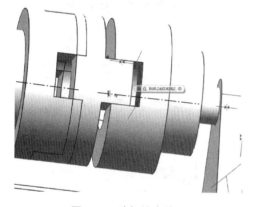

图 5-50　选择约束的面

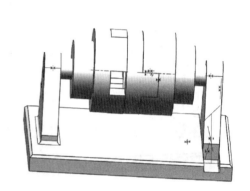

图 5-51　效果图

继续在"类型"栏中选择"接触对齐"，在"方位"中选择"接触"，在绘图区中选择如图 5-52 所示的平面，单击"确定"按钮，结果如图 5-53 所示，完成整个滑块联轴器的装配。

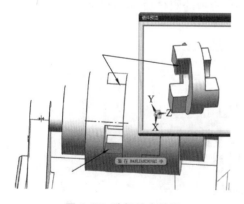

图 5-52　选择约束的面

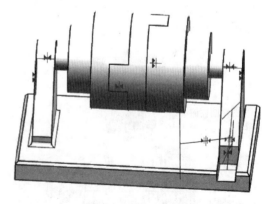

图 5-53　最终装配效果图

6．爆炸视图

在装配工具栏中单击"爆炸图" 命令，打开爆炸图工具栏，如图 5-54 所示。

单击"新建爆炸图"命令，新建一个爆炸视图，并命名为 VIEW01，单击"确定"按钮，新建了一个空白的爆炸视图。单击"编辑爆炸图"命令，弹出"编辑爆炸图"面板，利用这个面板，按该

图 5-54　爆炸图工具栏

装配的拆卸顺序放置零件。

　　选中"选择对象"的状态下,如图 5-55 所示,选择如图所示的三个零件,然后在命令面板中选中"只移动手柄",这时,在绘图区中出现了移动手柄,如图 5-56 所示。选择手柄的 Z 方向,再选择高亮显示的三个零件中任一个零件的圆柱面,使手柄的 Z 方向与圆柱面的中心线方向一致,单击"应用"按钮。

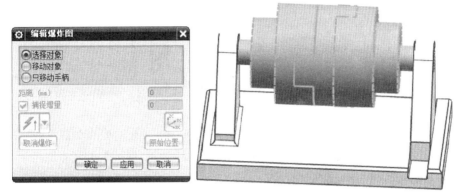

图 5-55　选择对象

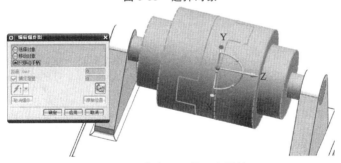

图 5-56　高亮显示的三个零件

　　继续在"编辑爆炸图"面板中,选择"移动对象",然后回到绘图区单击 Z 轴,在"编辑爆炸图"面板的"距离"一栏中输入 15,单击"确定"按钮,完成后效果如图 5-57 所示。

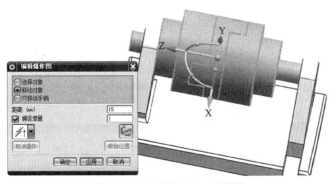

图 5-57　移动选中的三个零件

继续单击"编辑爆炸图"命令,打开"编辑爆炸图"面板,选中"选择对象",在绘图区中选择如图 5-58 所示的零件,然后在面板中选中"移动对象",拖动移动手柄 Y 轴,移动对象到如图 5-59 所示的位置,单击面板上的"确定"按钮,完成本次拆卸。

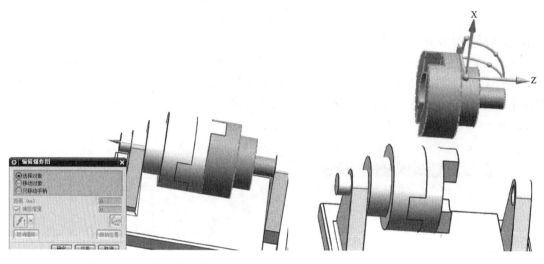

图 5-58　选中拆卸的零件　　　　　　　　图 5-59　拆卸后的效果图

用类似的方法,拆卸滑块和半联轴器,完成后单击"确定"按钮,如图 5-60 所示。

用类似的方法,拆卸活动机架,完成后单击"确定"按钮,如图 5-61 所示,完成整个爆炸视图创建。

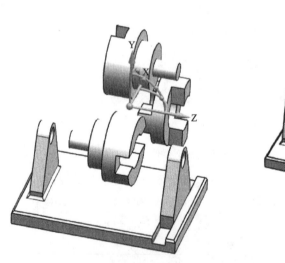
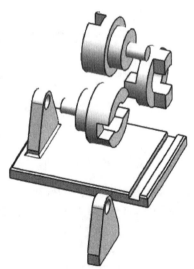

图 5-60　拆卸半联轴器和滑块　　　　　　　图 5-61　爆炸视图

如果要切换回无爆炸视图,可以在如图 5-62 所示的对话框中选择"无爆炸",就返回到最初的装配状态。

图 5-62　切换回无爆炸视图

5.2.4　本项目操作技巧总结

（1）在装配约束对话框中，"预览"栏中的两个选项可以分别控制待装配件在预览窗口和主窗口中的显示。

（2）"添加组件"命令，除了在"装配"中可以找到外，也可以利用"命令查找器"按钮，在其弹出的对话框中输入"添加组件"，也可以定位该命令所在的位置。

（3）在装配约束对话框中，留意"要约束的几何体"下面的方向按钮，如果发现待装配件方位刚好相反时，可以试试这个按钮。

5.2.5　上机实践 15——鼓风机装配

根据提供的零件，完成如图 5-63 所示鼓风机的装配设计，并创建爆炸图。

本训练项目是用 UG 的建模模块完成"鼓风机"的装配设计。本装配设计主要由 3 个零件组成，装配步骤如下。

（1）先新建一个空的模型文件，然后打开装配命令面板，进入装配环境。

（2）把 down_house. prt 通过绝对原点的方式装配好。

（3）分别通过约束的方式装配 up _ house. prt 和 blower. prt。

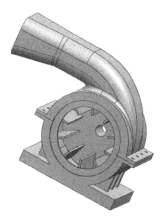

图 5-63　鼓风机装配

单 元 小 结

通过单元的学习，应了解装配建模基本概念并掌握自底向上的装配方法，理解并灵活运用各种装配约束关系，能进行一些中等难度装配件的设计并生成其爆炸视图。

思考与习题

1. 关于装配中下列叙述正确的是（　　　）。

　　A. 装配中将要装配的零、部件数据都放在装配文件中

　　B. 装配中只引入零、部件的位置信息和约束关系到装配文件中

　　C. 装配中产生的爆炸视图将去除零、部件间的约束关系

　　D. 装配中不能直接修改零件的几何拓扑形状

2. 简述自底向上装配和自顶向下装配。

3. 装配时能否进行零件的镜像或阵列？

第6单元　工程图的创建

　　本单元通过项目介绍 UG NX 8.5 创建工程图的基本操作方法和操作技巧,主要内容包括:工程图创建的步骤和方法;添加基本视图、添加剖视图、添加投影视图、添加尺寸、添加注释等在工程图中的应用;图纸的创建、零件图的创建、装配图的创建等。

　　工程图的创建功能是 UG NX 8.5 的一个主要功能,也是本书的重点,学习过程中一定要仔细领悟,以便在工程图创建过程中能够灵活运用各种操作技巧及方法。

本单元学习目标

(1) 掌握图纸的创建和编辑。

(2) 掌握各种视图的创建和编辑。

(3) 掌握尺寸和注释的标注。

(4) 了解工程图的创建步骤。

项目 6-1　轴工程图的创建

6.1.1　学习任务和知识要点

1. 学习任务

完成如图 6-1 所示轴的工程图,结果如图 6-2 所示。

图 6-1　轴三维图

2. 知识要点

(1) 基本视图的创建。

(2) 投影视图的创建。

(3) 剖视图的创建。

(4) 旋转视图的创建。

(5) 局部剖视图的创建。

(6) 放大视图的创建。

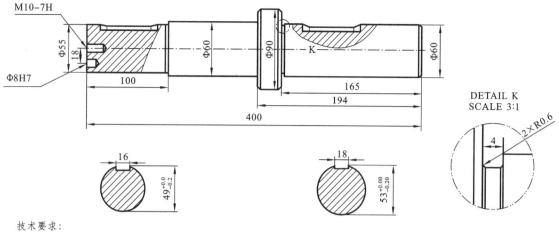

技术要求:
1. 零件表面去毛刺;
2. 热处理硬度HRC35~50;
3. 未注圆角R1~R2。

图 6-2　轴零件图

（7）尺寸的标注。

（8）表面粗糙度的标注。

（9）技术要求的标注。

6.1.2　相关知识点

1. 工程图参数预设置

在进入工程制图环境进行工程图操作之前,应该查看系统关于工程图功能参数的一些设置是否满足设计要求,可以根据实际要求,对相关的功能图参数进行修改和编辑。

工程图参数就是用于在工程图创建过程中根据用户需要进行的相关参数预设置。例如,尺寸参数、文字参数、箭头的大小、线条的粗细、隐藏线的显示与否、视图边界面的显示和颜色设置等。

工程图参数预设置可以通过执行"文件"→"实用工具"→"用户默认设置"命令进行设置,也可以到工程图界面中选择"首选项"下拉列表选项或在"制图首选项"工具条中分别设置。

1）制图首选项参数设置

"制图首选项"是用来定义制图的一些基本设置。在菜单栏中选择"首选项"→"制图"命令,打开如图 6-3 所示"制图首选项"对话框,其中包括"常规"、"预览"、"图纸页"、"视图"、"注释"、"断开视图"和"定制符号"等选项卡。

"常规"选项卡中可以升级制图选项卡,同时也可以简单设置,让系统帮我们完成一些简单的工作;"图纸页"选项卡中可以设置页号;"视图"选项卡中可以设置视图边界。

2）剖切线参数设置

"截面线首选项"是用来设置剖切线的样式的。在菜单栏中选择"首选项"→"截面线"命令,即可打开如图 6-4 所示的"截面线首选项"对话框,可以在"标签"、"尺寸"和"设置"这三项中对箭头的尺寸和剖切线的样式进行设置。

3）视图参数设置

"视图首选项"是用来设置控制视图在图纸页上显示的首选项,如隐藏线、轮廓线、光顺边等。

图 6-3 "制图首选项"对话框

图 6-4 "截面线首选项"对话框

在菜单栏中选择"首选项"→"视图"命令,即可打开如图 6-5 所示的"视图首选项"对话框。

该对话框中包含"着色"、"螺纹"、"基本"、"局部放大图"、"继承 PMI"、"船舶设计线"、"常规"、"隐藏线"、"可见线"、"光顺边"、"虚拟交线"、"追踪线"、"展平图样"和"截面线"等参数的设置,可根据制图的需要设置其中的各项。

4)注释参数设置

"注释首选项"是用来对注释的样式进行设置。在菜单栏中选择"首选项"→"注释"命令,即可打开如图 6-6 所示的"注释首选项"对话框,其中包含了"填充/剖面线"、"零件明细表"、

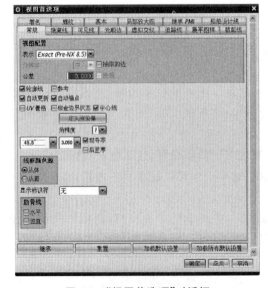

图 6-5 "视图首选项"对话框

图 6-6 "注释首选项"对话框

"单元格"、"适合方法"、"表区域"、"表格注释"、"层叠"、"标题块"、"肋骨线"、"尺寸"、"直线/箭头"、"文字"、"符号"、"单位"、"径向"和"坐标"等参数的设置,在实际建模时,可根据制图需要设置其中的参数。

2. 建立工程图

在建模模块下,在菜单中选择"开始"→"制图"命令,打开如图 6-7 所示的"图纸页"对话框,其建立工程图的步骤如下。

(1) 在"大小"选项栏中选择图纸大小的确定方式,系统提供了 3 种方式,分别为"使用模板"、"标准尺寸"和"定制尺寸"。

当选择"使用模板"时,"图纸页"对话框如图 6-8 所示,在"图纸模板"选项栏中选择模板,选择后系统会在"预览"选项中给出对应模板的预览。

当选择"标准尺寸"时,"图纸页"对话框如图 6-7 所示,在"大小"选项组的"大小"中选择图纸的尺寸,然后在"比例"中选择绘图的比例,再在"名称"选项中的"图纸页名称"文本框中输入图纸的名称。

当选择"定制尺寸"时,"图纸页"对话框如图 6-9 所示,在"大小"选项组中设置图纸的"高度"、"长度"和"比例",再在"名称"选项中设置图纸名称即可。

(2) 在对话框中的"设置"选项中选择绘图的单位和投影类型,设置完成后单击"确定"按钮即可完成工程图的创建。

图 6-7 "图纸页"对话框

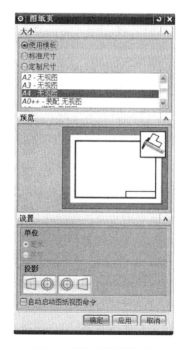

图 6-8 "使用模板"选项

3. 视图操作

1) 基本视图

基本视图就是添加到图纸页上的独立视图,包括俯视图、前视图、右视图、后视图、仰视图、左视图、正等测视图和正二测视图 8 种类型。该视图将用于投影其他视图。

图 6-9 "定制尺寸"选项

图 6-10 "基本视图"对话框

在工具栏中,单击"基本视图"按钮 ![ ],打开"基本视图"对话框,如图 6-10 所示。各选项含义如下。

(1) 部件。用于加载部件、显示已加载部件和最近访问的部件。

(2) 视图原点。用于定义视图在图形区的摆放位置。

(3) 模型视图。用于定义视图的方向。

(4) 比例。用于在添加视图之前,为基本视图指定一个特定的比例。默认的视图比例等于图样比例。

(5) 设置。该区域主要用于完成视图样式的设置。

2) 投影视图

该视图是沿着某一方向观察实体模型而得到的投影视图。投影视图是从一个已存的基本视图或父视图沿着一条铰链线投射得到的。在工具栏中单击"投影视图"按钮 ![ ],便可打开"投影视图"对话框,在视图中适当位置单击鼠标即可添加其他投影视图,如图 6-11 所示。

需要注意的是投影视图是对已有的模型基本视图进行投影后所得到的视图,因此,在添加投影视图时,工程图样中必须存在已有的基本视图(即父视图),如果删除了父视图,它所对应的所有投影视图将被同时删除。

3) 全剖视图

全剖视图利用剖切面剖开模型来反映模型的内部结构,剖切线符号用来表示剖切位置和剖切后的投影方向。在工具栏中单击"剖视图"按钮 ![ ],便可打开如图 6-12 所示的"剖视图"对话框,在对话框中单击"父"按钮 ![ ]并选取父视图,然后确定铰链线位置及剖切方向,最后拖动剖视图至合适位置单击鼠标,即可完成剖视图的创建。

(1) 剖视图的相关性。剖视图与父视图的剖切线符号以及实体模型相关。

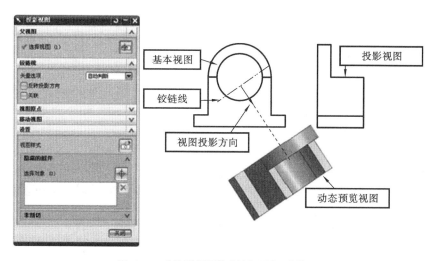

图 6-11　"投影视图"对话框及投影效果

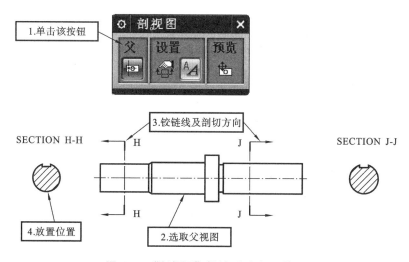

图 6-12　"剖视图"对话框和剖视图效果

（2）剖切线的相关性。若剖切线的段定位在实体的特征处，它们将与这些实体特征相关。

（3）折线的相关性。若折线定义在实体的特征处，它们将与这些实体特征相关。

（4）剖视图投影。当图纸中添加了一个剖视图，它最初的投影方向在剖切线符号的前面或后面，与折线平行，一旦放置好，剖视图就可以重新移动到图纸的任何位置，但仍保持与父视图相关。

4）旋转剖视图

旋转剖视图是指用两个成用户定义角度的剖切面剖开特征模型，以表达特征模型内部形状的视图。在视图模式执行"插入"→"视图"→"旋转剖视图"命令（或单击"视图布局"工具栏"旋转剖视图"按钮），进入"旋转剖视图"对话框。旋转剖视图的创建方式与剖视图类似，只是在指定剖切平面的位置时，需要先指定旋转中心，然后指定第一剖切面和第二剖切面，如图6-13所示。

5）局部剖视图

局部剖视图是指用剖切面局部地剖开特征模型所得到的视图，通常使用局部剖视图表达零件内部的局部特征。

执行"插入"→"视图"→"局部剖视图"命令(或单击"视图布局"工具栏"局部剖视图"按钮
),进入"局部剖"对话框,如图 6-14 所示。

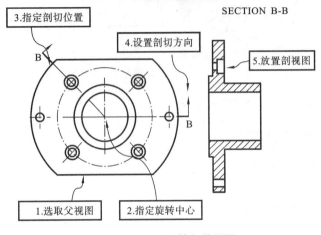

图 6-13　旋转剖效果图

图 6-14　"局部剖"对话框

局部剖视图与其他剖视图不同,局部剖视图是从现有的视图中产生,而不生成新的剖视图。在添加局部剖视图之前,首先需要定义与视图关联的剖视边界,然后执行选择视图、指定基点、设置拉伸矢量、选择曲线和编辑边界曲线几个步骤,从而创建出所需的局部剖视图。

6) 局部放大图

"局部放大图"是将视图中的局部位置进行等比例放大,主要用于表达模型上的细小结构或在视图上由于过小难以标注尺寸的模型,如退刀槽、键槽、密封圈等细小部位。放大后的视图只是比例被放大了,实际尺寸并未发生改变。

在工具栏中单击"局部放大图"按钮,系统将自动弹出"局部放大图"对话框,首先选择边界类型,然后在视图中指定放大部位的中心点及放大部位的大小,再利用"比例"下拉列表设置视图的放大比例,最后将局部放大视图移动至适当的位置即可完成操作,如图 6-15 所示。

在"局部放大图"对话框中,各主要选项的含义如下。

圆形——创建有圆形边界的局部放大图。

按拐角绘制矩形——通过选择对角线上的 2 个拐角点创建矩形局部放大图边界。

按中心和拐角绘制矩形——通过选择一个中心点和一个拐角点创建矩形局部放大边界。

指定中心点——定义圆形边界的中心。

指定边界点——定义圆形边界的半径。

选择视图——选择一个父视图。

指定位置——指定局部放大图的位置。

比例——默认局部放大图的比例因子大于父视图的比例因子。例如,从比例为 1∶1 的父视图得到的局部放大图将生成比例为 2∶1 的局部放大图。如需设置放大比例,可以在"比例"

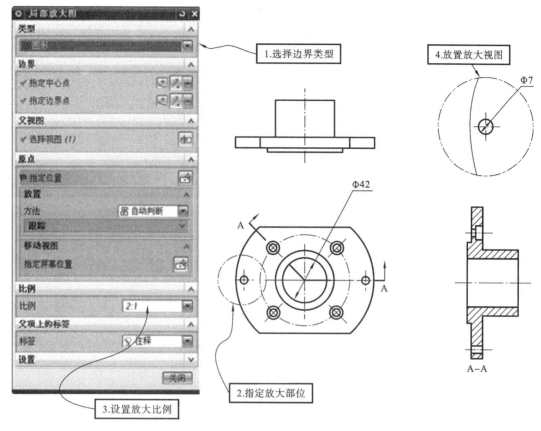

图 6-15　"局部放大图"对话框及效果图

栏中单击按钮，在展开的下拉列表中选择合适的比例。

4．尺寸标注

尺寸标注是指对图纸中的直线长度、圆半径等尺寸进行标注。尺寸标注列表如图 6-16 所示，UG NX 制图中的尺寸标注和草图中的尺寸约束基本相似，我们将在项目操作实例中说明尺寸标注的具体操作方法，在此就不再赘述了。

图 6-16　"尺寸"工具栏

6.1.3　操作步骤

1．建立工程图

在建模模块下，单击开始菜单里的"制图"按钮，如图 6-17 所示。在打开的"图纸页"对话框中，选择"标准尺寸"，"大小"中选择"A3-297×420"，在"比例"选项栏中选择"1：1"，再在图纸页名称中输入"zhou_dwg"，在"单位"选项中选择"毫米"，"投影"选择"　　"，单击"确定"按钮，进入 UG NX 8.5 制图环境。

2．添加基本视图

单击"图纸"工具条上的"基本视图"按钮，如图 6-18 所示，弹出"基本视图"对话框，"比例"设为"1：2"(见图 6-19)，放置基本视图。创建前视图效果图如图 6-20 所示。

图 6-18 "图纸"工具条

图 6-17 "图纸页"对话框

图 6-19 "基本视图"对话框

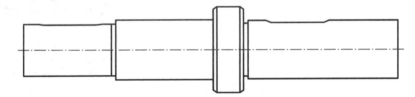

图 6-20 创建前视图效果图

3. 创建剖视图

单击"剖视图"按钮 ，在剖视图窗口中，系统自动弹出"剖视图"对话框如图 6-21、图 6-22 所示，按照默认设置即可，首先按照要求选择已经创建好的基本视图，在基本视图上需要剖切的位置找好两个点，然后在图纸合适的位置放置图形，如图 6-23 所示。

图 6-21 "剖视图"对话框 1

图 6-22 "剖视图"对话框 2

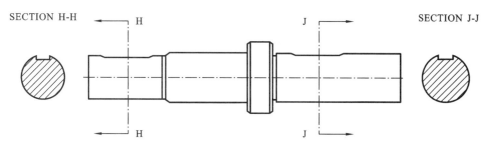

图 6-23　放置图形

隐藏截面线后，并且移动剖视图到基本视图的下方，如图 6-24 所示。

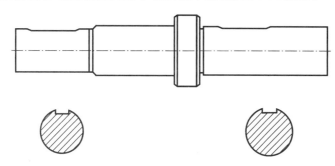

图 6-24　剖视图截面线隐藏后的图形

4. 创建局部剖视图

（1）在菜单栏中选择"视图"→"操作"→"展开"命令，或者在视图边界上右击打开快捷菜单，选择"展开"命令，打开成员图。

（2）在成员图中创建边界曲线。单击图 6-25 所示"曲线"工具条上"艺术样条"按钮，弹出"艺术样条"对话框，在"类型"选项中选择"通过点"，在"参数化"选项中勾选"封闭的"，如图 6-26 所示。

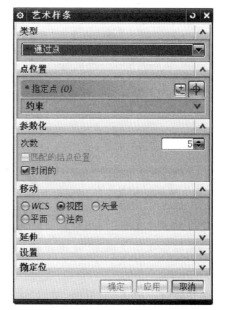

图 6-25　"曲线"工具条　　　　　　图 6-26　"艺术样条"对话框

在需要局部剖的区域绘制曲线,如图 6-27 所示。

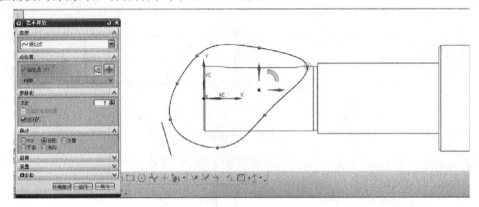

图 6-27　在局部剖区域绘制曲线

最终绘制好的曲线图形,如图 6-28 所示。

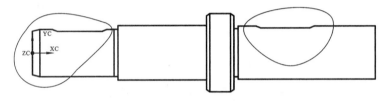

图 6-28　最终绘制好的曲线图形

(3)创建完剖切边界后,再在菜单栏中选择"视图"→"操作"→"展开"命令,或者在视图边界上右击,在弹出的快捷菜单中选择"展开"命令,恢复原视图,这样即可完成边界曲线的创建。

(4)单击"局部剖视图"按钮,弹出"局部剖"对话框,如图 6-29 所示。

(5)选择视图。在"局部剖"对话框的列表中双击视图"Front@12",或者直接在工作区选择要进行剖切的视图,选择完后对话框会变成如图 6-30 所示对话框。

图 6-29　"局部剖"对话框 1

图 6-30　"局部剖"对话框 2

(6)指出基点。单击"指出基点"按钮,在模型中选择如图 6-31 所示基点。

(7)指出拉伸矢量。单击"指出拉伸矢量"按钮,按照系统默认的方向即可,如图 6-32 所示。

(8)选择曲线。单击"局部剖"里的"选择曲线"按钮,如图 6-33 所示。

选择之前所绘制的曲线(左端曲线),当选择了剖切边界后,对话框中的"修改边界曲线"按钮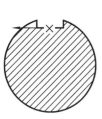将会被激活,然后单击"应用"按钮,完成局部剖视图,用同样方法完成右端局部剖视图,
完成后效果如图 6-34 所示。

图 6-31　选择基点　　　　图 6-32　"局部剖"对话框 3　　　　图 6-33　"局部剖"对话框 4

5. 创建局部放大图

在视图模式下执行"插入"→"视图"→"局部放大图"命令,或在工具栏中单击"局部放大
图"按钮,弹出"局部放大图"对话框,如图 6-35 所示。

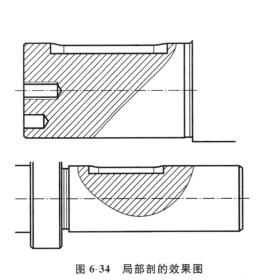

图 6-34　局部剖的效果图　　　　图 6-35　"局部放大图"对话框

确定要放大的图形的部位,单击鼠标左键,拖曳鼠标指针到合适的位置,如图 6-36 所示。

在"局部放大图"对话框里的"比例"项选择"比率",设置比率为 3∶1,如图 6-37(a)所示,
放置图形至合适的位置如图 6-37(b)所示。

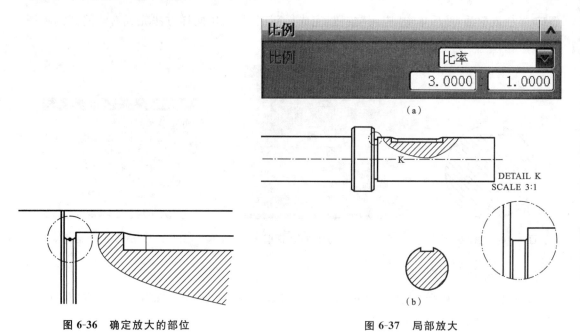

（a）

图 6-36　确定放大的部位

图 6-37　局部放大

6. 创建尺寸和注释

1）标注水平尺寸

单击"水平尺寸"按钮，弹出"水平尺寸"对话框，如图 6-38 所示，在视图上选择点 1 和点 2，然后拖动光标选择合适的位置放置尺寸，生成尺寸效果如图 6-39 所示。

图 6-38　"水平尺寸"对话框

用同样的方法创建其他水平尺寸，创建后效果如图 6-40 所示。

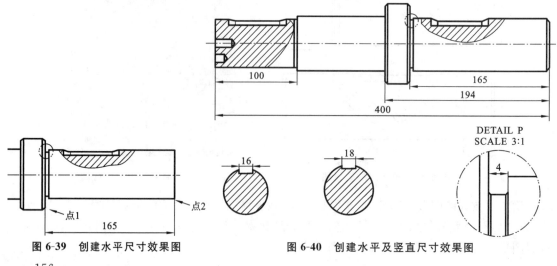

图 6-39　创建水平尺寸效果图

图 6-40　创建水平及竖直尺寸效果图

2）标注直径尺寸

单击"圆柱尺寸"按钮，弹出"圆柱尺寸"对话框，如图 6-41 所示，在绘图区中，选择合适的面，并向上移动鼠标指针，在绘图区中的合适位置，单击鼠标左键，标注直径尺寸 Φ60，并关闭"圆柱尺寸"对话框。用同样的方法创建 Φ90、Φ60 和 Φ55 直径尺寸。标注后的结果如图 6-42所示。

图 6-41　"圆柱尺寸"对话框

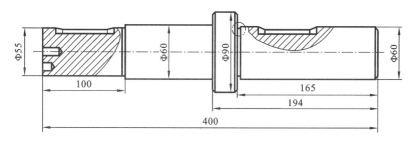

图 6-42　标注好直径尺寸的图形

3）标注竖直尺寸及公差

在剖视图上标注竖直尺寸 49，并同时标注其公差值。

单击尺寸工具条上的"竖直尺寸"按钮，弹出"竖直尺寸"对话框，如图 6-43 所示。在视图上选择点 1 和点 2，如图 6-44 所示，然后拖动光标，当尺寸数值出现后先不要将尺寸值固定，用鼠标单击"竖直尺寸"对话框中"值"选项下的"单向负公差" 此时对话框变为如图 6-45 所示，在对话框中，将"公差"精度值设定为 1（小数点 1 位），然后单击"公差"按钮，在出现的对话框中输入公差值，最终结果如图 6-46 所示。

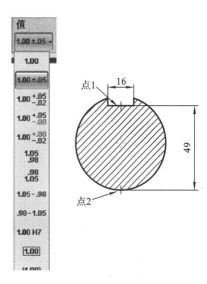

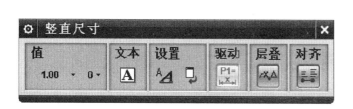

图 6-43　"竖直尺寸"对话框　　　　　图 6-44　设置公差类型

图 6-45　设置公差精度、确定公差值

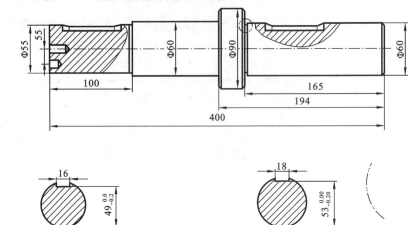

图 6-46　完成的尺寸及
公差标注

图 6-47　完成的竖直尺寸标注

用同样的方法完成尺寸 18 及 $53_{-0.20}^{-0.00}$ 的标注,最终结果如图 6-47 所示。

4)标注半径尺寸

单击尺寸工具条上的"半径尺寸"按钮 ,弹出"半径尺寸"对话框,如图 6-48 所示,在该对话框中,将标称值设为 1,选择要标注的圆弧段,出现尺寸数值时,先不要将其固定;用鼠标单击工具条上的文本编辑器按钮 **A**,系统弹出如图 6-49 所示的"文本编辑器"对话框,单击对话框中"附加文本"下面的"在前面"按钮 (见图 6-49),并在下面的文本栏中输入"2x"字样,然后单击"确定"按钮,再将尺寸值拖动到适当的位置上即可,最终结果如图 6-50 所示。

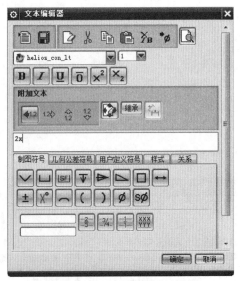

图 6-48　"半径尺寸"对话框

图 6-49　"文本编辑器"对话框

5）螺纹孔标注

本项目中，要添加两个螺纹孔的注释 M10H7 和 Φ8H7。单击"插入"→"注释"→"创建注释"，或单击工具条上的"创建注释" 命令，弹出"注释"对话框。在对话框中勾选"创建折线"，"类型"选择"普通"，"样式"采用系统默认设置，在"文本输入"窗口输入"M10H7"，如图 6-51 所示。在要标注的视图上单击螺纹孔中心，当出现注释文字时，将其放置在合适的位置。

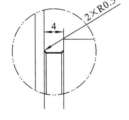

图 6-50　标注半径尺寸

图 6-51　"注释"对话框

用同样的方法标注另外一个孔 Φ8H7，结果如图 6-52 所示。

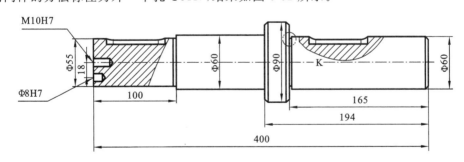

图 6-52　螺纹孔标注效果

最后通过"注释"添加"技术要求"，最终结果如图 6-53 所示。

6.1.4　本项目操作技巧总结

通过轴的工程图创建过程，可以概括出以下几项知识和操作要点。

（1）任何一个工程图的设计大体上都经过基本视图、投影视图、剖视图、标注尺寸、注释等这几个步骤。

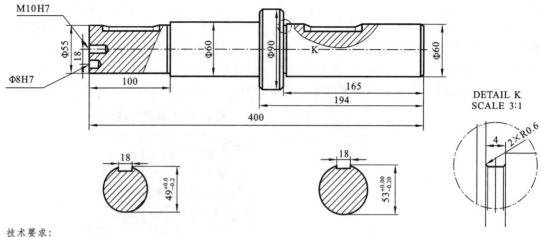

技术要求:
1.零件表面去毛刺;
2.热处理硬度HRC35~50;
3.未注圆角R1~R3。

图 6-53 添加"技术要求"后的图形

(2)创建局部剖视图时,必须首先完成需要局部剖的局域的划分,运用样条曲线绘制局部剖的区域。

(3)工程图进行尺寸标注的过程和草图的标注比较类似,要注意的是在标注有偏差的尺寸的时候要选择好偏差的类型。

(4)对于有"技术要求"的零件一般通过注释添加。

6.1.5 上机实践16——泵盖的工程图创建

本训练项目是用 UG 的制图模块完成图 6-54 所示的泵盖的工程图。在创建该实体工程图时,首先创建基本视图,然后创建旋转视图,标注好尺寸,添加表面粗糙度和技术要求。

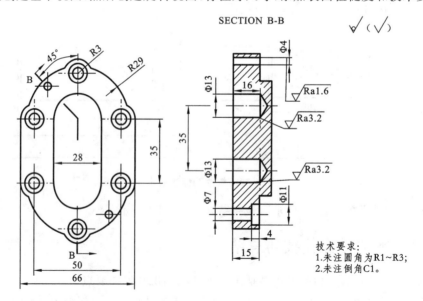

技术要求:
1.未注圆角为R1~R3;
2.未注倒角C1。

图 6-54 泵盖零件图

1. 创建基本视图

在工具栏中,单击"基本视图"按钮 ,打开"基本视图"对话框如图 6-55 所示。

在图纸上生成的基本视图,如图 6-56 所示。

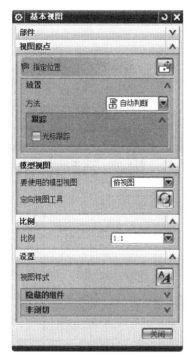

图 6-55 "基本视图"对话框

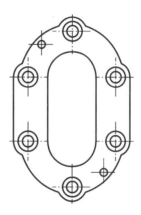

图 6-56 生成的基本视图

2. 创建旋转视图

单击"旋转视图"按钮 ,选中"基本视图",弹出如图6-57、图 6-58 所示"旋转剖视图"对话框。

图 6-57 "旋转剖视图"对话框 1

图 6-58 "旋转剖视图"对话框 2

确定好铰链线的位置,最终的图形如图 6-59 所示。

3. 添加尺寸和中心线

单击"圆柱尺寸"按钮 ,弹出"圆柱尺寸"对话框,如图 6-60 所示,运用"圆柱尺寸"标注相关孔的直径尺寸,如图 6-61 所示。

再分别单击"水平尺寸"按钮 标注水平方向的尺寸、单击"竖直尺寸"按钮 标注竖直方向的尺寸,最终标注结果如图 6-62 所示。

SECTION B-B

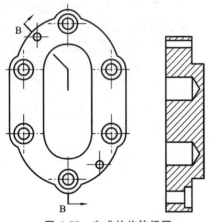

图 6-59　生成的旋转视图

图 6-60　"文本编辑器"对话框

SECTION B-B

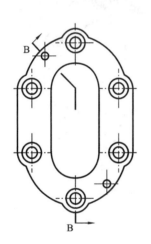

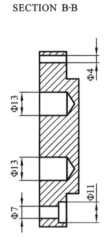

图 6-61　标注好直径尺寸的图形

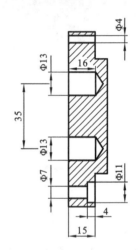

图 6-62　标注好尺寸的图形

添加中心线,单击"插入"→"中心线"→"中心标记",弹出"中心标记"窗口,如图 6-63 所示。

单击需要添加中心线的孔的两端中心点,单击"确定"按钮,从而生成中心线,如图 6-64 所示。

图 6-63　"中心标记"对话框

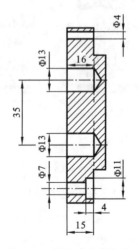

图 6-64　添加中心线标记

4. 创建表面粗糙度符号

单击"注释"工具条上的"表面粗糙度符号"√ ，如图 6-65 所示，弹出"表面粗糙度"对话框，如图 6-66 所示，在此对话框中设置好表面粗糙度符号类型，输入粗糙度值为 1.6，然后在图形中合适的位置放置表面粗糙度符号，标注好的图形如图 6-67 所示。

图 6-65　"注释"工具条

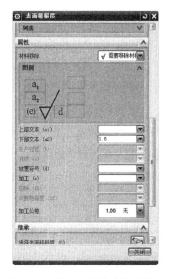

图 6-66　"表面粗糙度"对话框

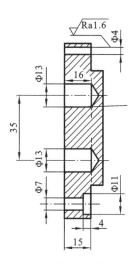

图 6-67　标注好的图形

同理标注粗糙度值为 3.2 的表面粗糙度，在"表面粗糙度"窗口设置如图 6-68 所示。标注好的图形，如图 6-69 所示。

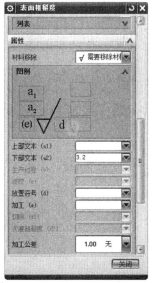

图 6-68　"表面粗糙度"对话框

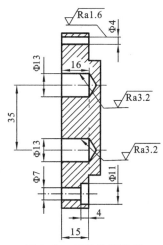

图 6-69　标注的粗糙度

标注其余表面粗糙度，如图 6-70 所示。

标注好表面粗糙度符号的图形，如图 6-71 所示。

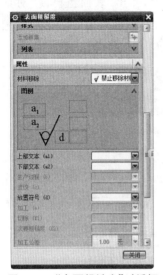

图 6-70 "表面粗糙度"对话框

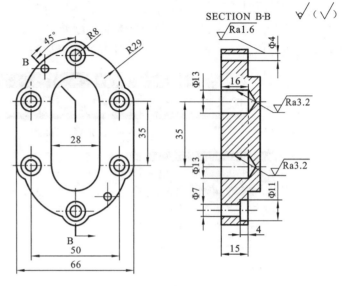

图 6-71 标注好粗糙度的图形

5. 添加技术要求

通过注释添加技术要求，如图 6-72 所示。

最终完成的图形如图 6-73 所示。

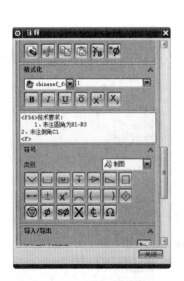

图 6-72 "注释"对话框

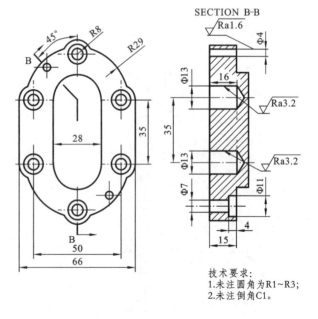

图 6-73 完成的图形

单 元 小 结

本单元主要介绍了工程图模块的相关知识,通过本单元的学习,着重让学生掌握一般零件的工程图的创建过程。通过轴和盖两个零件的工程图创建,让学生学习到创建工程图的方法和要领,包括基本视图的创建、剖视图的创建、尺寸的标注、表面粗糙度的标注、技术要求的添加等。

思 考 与 练 习

1. 完成如图 6-74 所示图形的三维建模,然后由模型生成工程图。

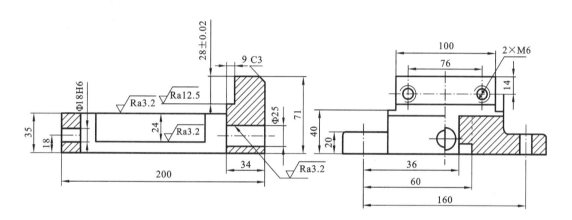

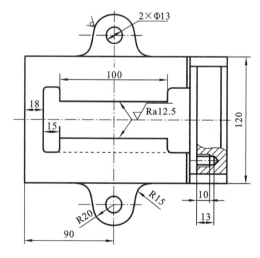

图 6-74　零件图

2. 完成如图 6-75 所示图形的三维建模,然后由模型生成工程图。

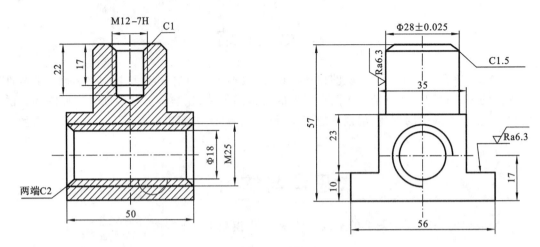

图 6-75　零件图

3. 完成如图 6-76 所示图形的三维建模，然后由模型生成工程图。

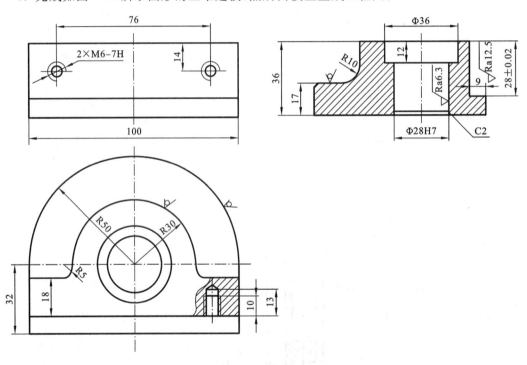

图 6-76　零件图

下篇　UG CAM

第7单元　UG NX 8.5 CAM 基础

本单元主要介绍 UG NX 8.5 加工模块的基础知识,其内容包括 UG CAM 概述、UG NX 8.5 CAM 模块简介、操作导航器的使用、加工环境的初始化、创建程序组、创建刀具组、创建几何体组、创建方法组、进行工序的生成与检验;进行工序的可视化刀具轨迹确认、将工序通过后置处理生成数控加工程序文件等,并通过完成一个简单凸模零件的加工来强化 UG CAM 的基本操作。

本单元学习目标

(1) 掌握 UG NX 8.5 加工模块的基础知识。

(2) 了解 UG NX 8.5 编程的一般步骤。

(3) 了解工序导航器的几种视图。

(4) 能正确选择模板进行加工环境的初始化。

(5) 能进行工序的生成与检验。

(6) 能进行工序的可视化刀具轨迹确认。

(7) 能正确应用工序导航器选择工序。

(8) 能将工序通过后置处理生成数控加工程序文件。

项目 7-1　UG CAM 介绍

7.1.1　学习任务和知识要点

1. 学习任务

熟练完成 UG NX 8.5 软件的基本操作。

2. 知识要点

(1) CAD/CAM 基本概念。

(2) UG NX CAM 模块的特点。

(3) UG NX 加工模块的工作界面。

(4) UG NX 加工模块中的常用工具条。

(5) 选择初始化模板进入加工模块。

7.1.2　UG CAM 概述

UG NX 是 Siemens PLM Software 新一代数字化产品开发系统,它可以通过过程变更来驱动产品革新,独特之处是其知识管理基础,它使得工程专业人员能够推动革新,以创造出更大的利润。

1. UG CAM 模块的功能及特点

UG CAM 以三维主模型为基础,具有强大可靠的刀具轨迹生成方法,可以完成铣削(2.5~5轴)、车削、线切割等的编程。UG CAM 是模具、数控行业最具代表性的数控编程软件,其最大的特点就是生成的刀具轨迹合理、切削负载均匀、适合高速加工。另外,在加工过程中的模型、加工工艺和刀具管理,均与主模型相关联,主模型更改设计后,编程只需重新计算即可,所以 UG 编程的效率非常高。

UG CAM 主要由 5 个模块组成,即交互工艺参数输入模块、刀具轨迹生成模块、刀具轨迹编辑模块、三维加工动态仿真模块和后置处理模块,下面对这 5 个模块作简单的介绍。

(1) 交互工艺参数输入模块。通过人机交互的方式,用对话框和过程向导的形式输入刀具、夹具、编程原点、毛坯和零件等工艺参数。

(2) 刀具轨迹生成模块。具有非常丰富的刀具轨迹生成方法,主要包括铣削(2.5~5轴)、车削、线切割等加工方法。

(3) 刀具轨迹编辑模块。刀具轨迹编辑器可用于观察刀具的运动轨迹,并提供延伸、缩短和修改刀具轨迹的功能。同时,能够通过控制图形和文本的信息编辑刀具轨迹。

(4) 三维加工动态仿真模块。是一个无须利用机床、成本低、效率高的测试 NC 加工的方法。可以检验刀具与零件和夹具是否发生碰撞、是否过切以及加工余量分布等情况,以便在编程过程中及时解决。

(5) 后处理模块。包括一个通用的后置处理器(GPM),用户可以方便地建立用户定制的后置处理。通过使用加工数据文件生成器(MDFG),一系列交互选项提示用户选择定义特定机床和控制器特性的参数,包括控制器和机床规格与类型、插补方式、标准循环等。

2. UG CAM 加工类型

(1) 平面铣。平面铣用于平面轮廓或平面区域的粗、精加工,刀具平行于工件底面进行多层铣削。每个切削层均与刀轴垂直,各加工部位的侧壁与底面垂直。平面铣提供加工 2~2.5 轴零件的所有功能,设计更改通过相关性而自动处理。但是平面铣削不能用于加工底面与侧面不垂直的部位。

(2) 型腔铣削。型腔铣削用于对型腔或型芯进行粗加工。该模块对汽车和消费品行业中加工模具和冷冲模特别有用。它提供粗切单个或多个型腔、沿任意形状切去大量毛坯材料以及可加工出型芯的全部功能。最突出的功能是对非常复杂的形状产生刀具运动轨迹,确定走刀方式。

(3) 固定轴曲面轮廓铣。固定轴曲面轮廓铣用于对由轮廓曲面形成的区域进行精加工。该模块提供了完全和综合的工具,用于产生 3 轴运动的刀具路径。实际上它能加工任何曲面模型和实体模型,可以用功能很强的方法来选择零件需要加工的表面或加工部位。它有多种驱动方法和走刀方式可供选择,如沿边界、径向、螺旋线以及沿用户定义的方向驱动,在边界驱动方法中又可选择同心圆和径向等多种走刀方式。此外,它还可控制逆铣和顺铣切削以及沿螺旋路线进刀等。

(4) 可变轴曲面轮廓铣。可变轴轮廓铣削模块支持定轴和多轴铣削功能,可加工 UG 造型模块中生成的任何几何体,并保持与主模型的相关性。该模块提供完整的 3~5 轴铣削功能,提供强大的刀轴控制、走刀方式选择和刀具路径生成功能。

(5)顺序铣。顺序铣模块用在用户要求创建刀具轨迹的每一步上。它类似于以前市场上 APT 系统处理的软件,但生产率要高得多。用交互式可以逐段地建立刀具路径,但处理过程的每一步都受总控制的约束。一个称为循环(looping)的功能允许用户通过定义轮廓的里边和外边轨迹后,在曲面上生成多次走刀加工,并可生成中间各步的加工程序。

3. UG CAD 与 UG CAM 的关联

CAD 是 计 算 机 辅 助 设 计 与 制 造 (computer aided design and computer aided manufacturing)的英文缩写,是一项利用计算机软、硬件协助完成产品的设计与制造的技术。

UG CAD 是指工程技术人员利用 UG 软件,以计算机为辅助工具,完成产品的设计、工程分析、绘图等工作,并达到提高产品设计质量、缩短产品开发周期、降低生产成本的目的。

UG CAM 由 5 个模块组成,即交互工艺参数输入模块、刀具轨迹生成模块、刀具轨迹编辑模块、三维加工动态仿真模块和后置处理模块。CAM 通常意义上分为广义的 CAM 和狭义的 CAM。

广义的 CAM 是指工程技术人员在计算机组成的系统中以计算机为辅助工具,完成从准备到产品制造整个过程的活动,包括工艺过程设计、工装设计、NC 自动编程、生产作业计划、生产控制、质量控制等。

狭义的 CAM 一般仅指 NC 程序编制,包括刀具路径规划、刀位文件生成、刀具轨迹仿真及 NC 代码生成等。

UG CAM 虽然是 UG NX 8.5 中非常重要的一个模块,但是它并不是孤立存在的,而是与其他的模块有着紧密联系的,特别是与 CAD 模块密不可分。CAM 与 CAD 是相辅相成的,两者之间经常需要数据的转换。CAM 直接利用 CAD 创建的模型进行加工编程,CAD 模型是数控编程的前提和基础,任何的 CAM 程序的编制都需要有 CAD 模型作为加工的对象。因为 CAM 与 CAD 息息相关,数据都是共享的,因此,只要修改了 CAD 模型文件,CAM 中的数据也会随着 CAD 数据的更改而自动更新,从而避免了不必要的重复工作,提高了工作效率。

7.1.3　UG NX 8.5 CAM 模块简介

UG NX 是美国 UGS 公司(现已被西门子公司收购)的 PLM 产品的核心组成部分,它是一个 CAD、CAM、CAE 三大系统紧密集成的大型软件。UG NX 软件也是当前汽车、摩托车、航空航天、机械制造、模具等行业中应用最广的 CAD/CAM 软件之一。

UG NX 8.5 CAM 提供了一整套从钻孔、线切割到 5 轴铣削的单一加工解决方案。在加工过程中的模型、加工工艺、优化和刀具管理上,都可以与主模型设计相连接,始终保持最高的生产效率。把 UG 扩展的客户化定制的能力和过程捕捉的能力相结合,就可以一次性地得到正确的加工方案。

1. UG NX 8.5 初始化设置

1)进入加工模块

双击桌面上的 UG NX 8.5 快捷方式图标 ,或者在"开始"菜单中单击 UG NX 8.5 图标均可启动 UG,启动后 UG 界面如图 7-1 所示。在进入 UG NX 8.5 的加工环境之前,首先要调入 CAD 模型文件,然后进入菜单中的" 启动 "下拉框,选择启动下拉框中的"加工"模块,进入加工模块。另外也可以使用快捷键"Ctrl+Alt+M"进入加工模块。

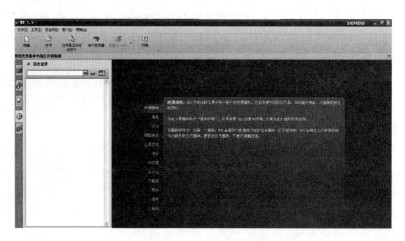

图 7-1　UG NX 8.5 启动界面

2）设置加工环境

如果是首次进入加工模块，进入加工环境后系统会弹出"加工环境"对话框，如图 7-2 所示，在"要创建的 CAM 设置"列表中选择相关加工类型，单击"确定"按钮，进入加工环境的初始化设置。

2. UG NX 8.5 CAM 加工界面

进入加工环境后，则可看到 CAM 的主界面。其主界面是由标题栏、菜单栏、工具栏、工序导航器和绘图区域等几部分组成，加工界面如图 7-3 所示。

图 7-2　"加工环境"对话框

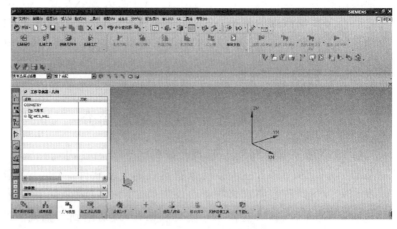

图 7-3　UG NX 8.5 CAM 主界面

3. 工序导航器

工序导航器是一种图形用户界面（简称 UGI），位于整个主界面的左侧，如图 7-3 所示。其中显示了创建的所有操作和父节点组内容。通过工序导航器，能够直观方便地管理当前存在的操作和其相关参数。工序导航器能够指定在操作间共享的参数组，可以对操作或组进行编辑、剪切、复制、粘贴和删除等。

工序导航器工具可以显示四种视图，分别是：程序顺序视图、机床视图、几何视图、加工方法视图。要确定工序导航器显示哪种视图，可以通过在工序导航器中的空白处单击鼠标右键，在弹出的快捷菜单栏中进行视图选择。

1）程序顺序视图

程序顺序视图如图 7-4 所示,在该视图中每个操作名称的后面显示了该操作的相关信息。

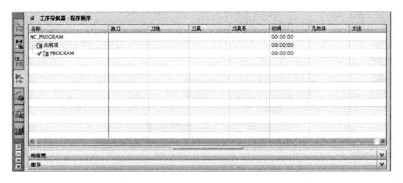

图 7-4　程序顺序视图

2）机床视图

机床视图如图 7-5 所示,该视图按加工刀具来组织各个操作,其中列出了当前零件中存在的各种刀具以及使用这些刀具的操作名称,一个操作只能使用一把刀具。

图 7-5　机床视图

3）几何视图

几何视图如图 7-6 所示,该视图列出当前零件存在的几何父节点组和坐标系,以及使用这些几何体组合坐标系的操作名称和相关操作信息。

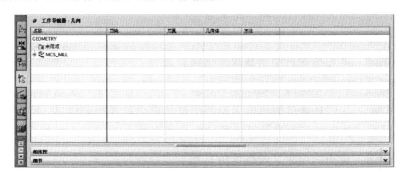

图 7-6　几何视图

4）加工方法视图

加工方法视图如图 7-7 所示,该视图列出了当前零件中存在的加工方法(粗加工、半精加工、精加工)以及使用这些加工方法的操作名称。

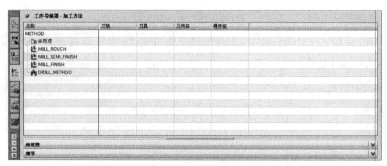

图 7-7　加工方法视图

4．工具栏介绍

工具栏位于下拉菜单的下方，用图标的方式显示每一个命令的功能，单击工具栏中的图标按钮就能完成相对应的命令功能。

1）刀片（见图 7-8）

◆ 创建程序　　　新建程序对象。

◆ 创建刀具　　　新建刀具对象。

◆ 创建几何体　　　新建几何体对象。

◆ 创建方法　　　新建方法组对象。

◆ 创建工序　　　新建工序。

图 7-8　刀片工具条

图 7-9　操作工具条 1

2）操作工具条 1（见图 7-9）

◆ 生成导轨　　　为选定工件生成相关刀路轨迹。

◆ 平行生成导轨　　　交互会话继续时，在后台生成所选操作的刀路轨迹。

◆ 编辑刀轨　　　为选定操作编辑刀路轨迹。

◆ 删除刀轨　　　为选定操作删除错误或多余的空刀刀路轨迹。

◆ 重播刀轨　　　在图形窗口中重新选定刀路轨迹。

◆ 确认刀轨　　　确定选定的刀轨并显示刀运动和材料的移除。

◆ 列出刀轨　　　在信息窗口列出机床控制信息和进给量等相关信息。

◆ 列出过切　　　列出刀具夹持器碰撞和工件过切现象。

◆ 机床仿真　　　使用以前定义的机床仿真加工刀路轨迹。

◆ 同步　　　使 4 轴机床和复杂的切削装置的刀轨同步。

◆ 进给率　　　显示可选用操作的进给率和速度。

◆ 后处理　　　对选定的刀轨进行后处理。

◆ 车间文档　　　创建一个加工操作的报告。

◆ 批处理　提供以批处理方式处理与加工有关的输出选项。

◆ 输出 CLSF　列出选择可用的 CLSF 输出格式。

3) 操作工具条 2(见图 7-10)

◆ 编辑对象　打开选定的对象进行编辑。

◆ 剪切对象　剪切选定的对象并将其放在粘贴板上。

◆ 复制对象　将选定的对象复制到粘贴板上。

◆ 粘贴对象　从粘贴板粘贴对象。

◆ 重命名对象　重新命名工序导航器中的 CAM 对象。

◆ 删除对象　从工序导航器中删除 CAM 对象。

◆ 变换对象　变换刀轨,同时保留与操作的关联性。

◆ 属性　基于信息窗口选定的对象列出信息。

◆ 信息　在信息窗口中列出对象名称和对象参数。

◆ 显示对象　在图形窗口中显示选定的对象。

图 7-10　操作工具条 2

图 7-11　特征工具条

4) 特征工具条(见图 7-11)

◆ 特征视图　在加工特征导航器中显示各个特征。

◆ 组视图　在加工特征导航器中显示包含加工特征的组对象。

◆ 查找特征　通过分析几何体来查找特征。

◆ 标记点　对选定点指派加工属性。

◆ 标记圆弧　对选定圆弧指派加工属性。

◆ 标记面　对选定面指派加工属性。

◆ 标记特征　对选定特征指派加工属性。

◆ 创建特征工艺　为选定特征创建新的特征工艺。

◆ 删除　从选定对象中删除加工特征或加工信息。

7.1.4　UG CAM 数控加工的基本步骤

UG CAM 数控加工的基本步骤:创建程序、创建刀具、创建几何体、创建方法、创建工序、生成刀轨、过切检查、确认刀轨、程序后处理。

1. 创建程序

单击"刀片"工具条中的"创建程序"按钮，系统自动弹出"创建程序"对话框,如图 7-12 所示,在"类型"下拉菜单中选择要创建的程序类型,在"程序子类型"列表中选择要创建程序的子类型,在"程序"下拉菜单中选择程序的存储位置,并且在"名称"文本框中设置该程序的名称,单击"确定"按钮,完成程序的创建。

2. 创建刀具

单击"刀片"工具条中的"创建刀具"按钮 ![创建刀具]，系统自动弹出"创建刀具"对话框，如图 7-13 所示，在"类型"下拉菜单中选择要创建的刀具类型，在"刀具子类型"列表中选择要创建刀具的子类型，在"刀具"下拉菜单中选择刀具的存储位置，并且在"名称"文本框中设置该刀具的名称，单击"确定"按钮进入"铣刀-5 参数"对话框。

新建"铣刀-5 参数"中的刀具，设定刀具直径，如图 7-14 所示，其余参数依照默认值设定，单击"确定"按钮完成刀具的创建。

图 7-12　"创建程序"对话框

图 7-13　"创建刀具"对话框

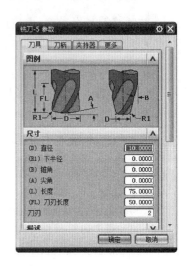

图 7-14　刀具参数

3. 创建几何体

单击"刀片"工具条中的"创建几何体"按钮 ![创建几何体]，系统自动弹出"创建几何体"对话框，如图 7-15(a)所示。在"类型"下拉菜单中选择要创建的几何体类型，在"几何体子类型"列表中选择要创建几何体的子类型，在"位置"的"几何体"下拉菜单中选择几何体的存储位置，并且在"名称"文本框中设置该几何体的名称，单击"确定"按钮，系统会自动弹出"工件"对话框，如图7-15(b)所示，完善几何体参数的设置后，单击"确定"按钮完成几何体的创建。

4. 创建方法

单击"刀片"工具条中的"创建方法"按钮 ![创建方法]，系统会自动弹出"创建方法"对话框，如图 7-16(a)所示。在"类型"下拉菜单中选择要创建的方法类型，在"方法子类型"列表中选择要创建方法的子类型，在"方法"下拉菜单中选择方法的存储位置，并且在"名称"文本框中设置该方法的名称，单击"确定"按钮，系统会自动弹出"铣削方法"对话框，完善加工方法参数的设置后，单击"确定"按钮完成方法的创建，如图 7-16(b)所示。

5. 创建工序

单击"刀片"工具条中的"创建工序"按钮 ![创建工序]，系统会自动弹出"创建工序"对话框，如图 7-17(a)所示。在"类型"下拉菜单中选择要创建的工序类型，在"工序子类型"列表中选择要创建工序的子类型，在"位置"下拉菜单中选择之前设置好的程序、刀具、几何体和方法，并且在"名称"文本框中设置该工序的名称，单击"确定"按钮，系统会自动弹出铣削对话框，如图 7-17

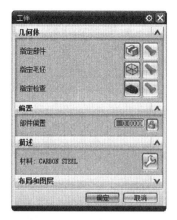

（a） （b）

图 7-15 创建几何体

（a） （b）

图 7-16 创建方法

（a） （b）

图 7-17 创建工序

(b)所示,完善铣削参数的设置后,单击"确定"按钮完成工序的创建。

6. 生成刀轨

完成工序的创建以后,在铣削对话框的下方,有"操作"选项,单击里边的"生成刀轨"按钮,系统将自动根据之前设置的铣削参数生成相应的刀具轨迹,如图 7-18 所示。

7. 过切检查

在"刀轨可视化"对话框中,单击"检查选项"按钮,系统将自动弹出"过切检查"对话框,如图 7-19 所示,用户可在该对话框中设置相关的过切参数。

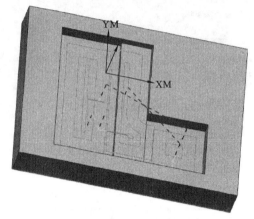

图 7-18　生成刀轨

图 7-19　过切检查

8. 确认刀轨

生成刀轨并经过过切检查后,可以确认刀轨。单击"确认刀轨"按钮,系统将自动弹出"刀轨可视化"对话框,如图 7-20 所示。在该对话框中,可以查看到当前刀具轨迹的路径,也可以实现刀具轨迹的重播、3D 动态和 2D 动态的演示。

9. 程序后处理

确认刀轨无误后,可以进行程序的后处理。单击"操作"工具条中的"后处理"按钮,系统将自动弹出"后处理"对话框。在该对话框中用户可以自定义后处理器以及输出文件名,如图 7-21 所示。

图 7-20　确认刀轨

图 7-21　程序后处理

项目 7-2　简单凸模零件的加工

7.2.1　学习任务和知识要点

1. 学习任务

完成如图 7-22 所示的简单凸模零件的加工操作。

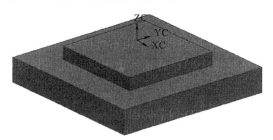

图 7-22　简单凸模零件

2. 知识要点

掌握 UG CAM 数控加工的基本操作步骤。

7.2.2　简单凸模零件的加工操作步骤

本例的加工零件如图 7-22 所示。毛坯底座尺寸长、宽、高分别为 100、100、20,凸台尺寸长、宽、高分别为 80、80、10。观察该部件,是典型的平面铣加工零件。先用粗加工程序去除大量的平面层材料,再通过精加工程序来达到零件底面的精度和表面粗糙度的要求。

1. 工件分析

该零件需要铣削的底面为平面,利用平面铣进行粗加工和精加工的操作。创建一个平面铣操作大致分为 8 个步骤:① 创建加工几何体;② 创建粗加工刀具和精加工刀具;③ 创建加工坐标系;④ 指定部件边界;⑤ 指定底面;⑥ 指定切削层参数;⑦ 指定相应的切削参数和非切削移动参数;⑧ 生成粗加工刀轨和精加工刀轨。

2. 操作步骤

1) 启动

启动 UG NX 8.5,打开零件模型,如图 7-23 所示。

2) 进入加工环境

选择"开始"→"加工"命令,弹出"加工环境"对话框(快捷键为"Ctrl＋Alt＋M"),如图7-24所示,设置加工环境参数后单击"确定"按钮。

3) 创建程序

单击"创建程序"按钮,弹出"创建程序"对话框。"类型"选择"mill_planar","名称"为"PROGRAM_1",其余选项为默认参数,单击"确定"按钮,创建平面铣粗加工程序,如图 7-25 所示。然后在"工序导航器-程序顺序"中显示新建的程序,如图 7-26 所示。

图 7-23　打开模型文件

图 7-24　进入加工环境图

图 7-25　创建程序

图 7-26　程序顺序视图

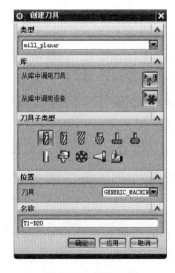

图 7-27　创建刀具

4）创建刀具

单击创建工具条上的"创建刀具"按钮 ，系统弹出"创建刀具"对话框，如图 7-27 所示。

选择类型为面铣刀,并输入名称"T1-D20",单击"确定"按钮,打开铣刀参数对话框。

系统默认新建铣刀为"铣刀-5 参数",在"铣刀-5 参数"对话框中设置刀具参数:"直径"为20,"下半径"为1,"长度"为65,"刀刃长度"为45,其余参数为默认值,单击"确定"按钮,如图7-28 所示。

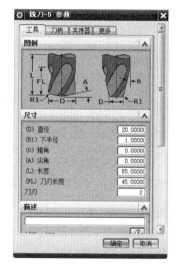

图 7-28　刀具参数

图 7-29　机床视图 1

在"工序导航器-机床"显示新建的 T1-D20 刀具,如图 7-29 所示。

5) 设置加工坐标系

可以使用各种用户坐标系(UCS)的创建方法来创建 MCS 坐标系,也可以单击 图标弹出 CSYS 对话框来创建坐标系,如图 7-30 所示。选择部件的底表面,系统默认该平面的中心为机床坐标系的中心,机床的坐标轴方向与基本坐标系的坐标轴方向一致。

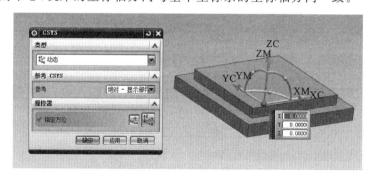

图 7-30　设置机床坐标系

6) 安全设置

双击"工序导航器-几何"中的 MCS_ MILL,弹出 MCS 铣削机床坐标系对话框,选择"安全设置选项"下拉菜单中的"平面"选项,选择部件的上表面,输入安全距离为10,单击"确定"按钮,如图 7-31 所示。

7) 创建铣削几何体

双击"工序导航器-几何"中 MCS_MILL 子菜单的 WORKPIECE,弹出"铣削几何体"对话框,如图 7-32 所示。

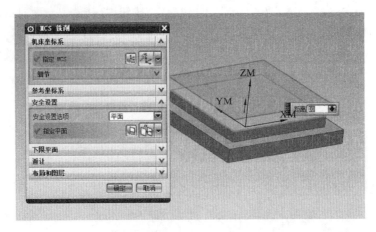

图 7-31　设置安全平面

图 7-32　创建铣削几何体

　　然后单击右上角"指定部件"按钮，弹出"部件几何体"对话框，选择整个部件体，单击"确定"按钮，如图 7-33 所示。

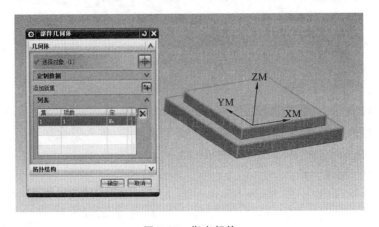

图 7-33　指定部件

最后单击"指定毛坯"按钮 ，弹出"毛坯几何体"对话框，如图 7-34 所示。在"类型"下拉菜单中选择"包容块"选项，单击"确定"按钮。

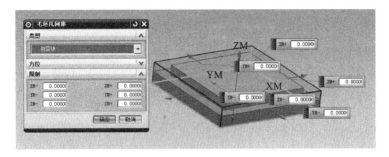

图 7-34　指定毛坯

8）创建加工方法——粗加工方法

双击"工序导航器-加工方法"中的 MILL_ROUGH，弹出"铣削粗加工"对话框，如图 7-35 所示。设置"部件余量"为 0.3，"内公差"为 0.03，"外公差"为 0.03，单击"确定"按钮。

9）设置进给参数

在"铣削方法"对话框中单击"进给"按钮 ，弹出"进给"对话框。设置切削速度为 600，进刀为 300，其余参数为系统默认值，单击"确定"按钮，如图 7-36 所示。再单击"确定"按钮，完成粗加工方法的设置。

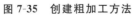

图 7-35　创建粗加工方法　　　　图 7-36　设置粗加工进给参数

10）创建加工方法——精加工方法

双击"工序导航器-加工方法"中的 MILL_FINISH，弹出"铣削精加工"对话框，设置"部件余量"为 0，"内公差"为 0.01，"外公差"为 0.01，如图 7-37 所示。

单击"切削方法"按钮 ，弹出"搜索结果"对话框，选择 HSM FINISH_MILLING 选项，单击"确定"按钮，如图 7-38 所示。

单击"进给"按钮 ，弹出"进给"对话框。切削设置为 1500，其余参数为系统默认值，单击"确定"按钮，如图 7-39 所示。再单击"确定"按钮，完成精加工方法的设置。

图 7-37 创建精加工方法

图 7-38 创建精加工方法类型

图 7-39 设置精加工进给参数

11）创建粗加工工序

单击"创建工序"按钮，弹出"创建工序"对话框。在"类型"下拉菜单中选择 mill_planar 选项，在"工序子类型"中选择平面铣削，在"程序"中选择 PROGRAM_1，在"刀具"中选择 T1-D20，在"几何体"中选择 WORKPIECE，在"方法"中选择 MILL_ROUGH，在"名称"中设置为 PLANAR_MILL_ROUGH，单击"确定"按钮，如图 7-40 所示。

弹出"平面铣"对话框，设置平面铣的参数。在"几何体"下拉菜单中选择 WORKPIECE 选项，如图 7-41 所示。

12）指定部件边界

单击按钮，弹出"边界几何体"对话框，选择部件体的上表面，系统自动生成部件几何体边界，单击"确定"按钮，如图 7-42 所示。

13）指定底面

单击按钮，弹出"平面"对话框，选择部件体的底面，偏置距离为 0，单击"确定"按钮，如图 7-43 所示。

图 7-40　创建粗加工工序

图 7-41　设置平面铣参数

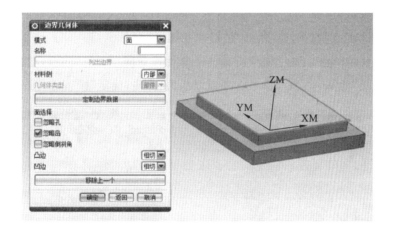

图 7-42　指定边界部件

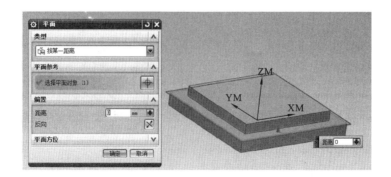

图 7-43　指定底面

14）刀轨设置

在"刀轨设置"下拉菜单的方法中选择 MILL_ROUGH 选项,在"切削模式"下拉菜单中选择"轮廓加工"选项,在"步距"下拉菜单中选择"恒定"选项,"最大距离"设置为 12,其余参数为系统默认值,如图 7-44 所示。

15)设置切削层

单击"切削层"按钮![图标],弹出"切削层"对话框,"类型"选择"恒定"选项,"每刀深度"设置为 2.5,"增量侧面余量"设置为 0,其余参数为系统默认值,单击"确定"按钮,如图 7-45 所示。

图 7-44　设置切削模式　　　　　图 7-45　设置切削层参数设置

16)设置进给率和速度

单击"进给率和速度"按钮![图标],弹出"进给率和速度"对话框,选中"主轴速度"复选框,"主轴速度"设置为 2500,单击"主轴速度"后面的计算器按钮![图标],系统自动计算出"表面速度"为 157 和"每齿进给量"为 0.12,其余参数为系统默认值,单击"确定"按钮,如图 7-46 所示。

图 7-46　进给率和速度参数设置　　　图 7-47　切削参数的设置

17)设置切削参数

单击"切削参数"按钮![图标],弹出"切削参数"对话框,在"余量"选项卡下,"部件余量"设置为 0.3,"最终底面余量"设置为 0.2,"内公差"、"外公差"均设置为 0.03,其余参数为默认值,单击"确定"按钮,如图 7-47 所示。

18)生成刀轨

单击"生成刀轨"按钮![图标],系统自动生成刀轨,如图 7-48 所示。

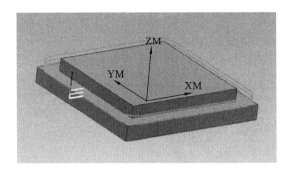

图 7-48　生成粗加工刀轨

19）确认刀轨

单击"确认刀轨"按钮▓，弹出"刀轨可视化"对话框，如图 7-49 所示。

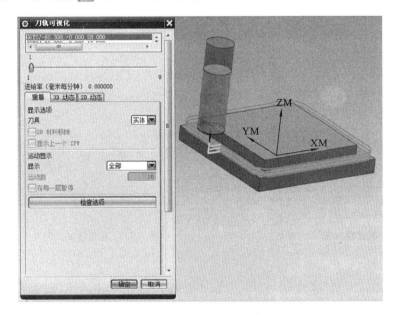

图 7-49　确认粗加工刀轨

20）3D 效果图

选择"刀轨可视化"对话框中的"3D 动态"选项卡，单击"播放"按钮▶，可动画演示粗加工刀轨，如图 7-50 所示。单击"确定"按钮完成粗加工操作设置。

21）创建精加工工序

单击"工序导航器-几何"中 MCS_MILL 下的 WORKPIECE 子菜单，选中 PLANAR_ MILL_ROUGH 粗加工程序后单击鼠标右键选择复制，再单击鼠标右键选择粘贴，就复制了一个新的程序 PLANAR_MILL_ROUGH_ COPY，重命名该新建的程序为 PLANAR_ MILL _FINISH，如图 7-51 所示。

22）设置精加工工序参数

选中 PLANAR_MILL_FINISH 程序后双击，系统自动弹出"平面铣"对话框，在"刀具"下拉菜单中选择 T1-D20，在导轨设置中的"方法"下拉菜单中选择 MILL_FINISH，"最大距离"设置为 6，其他参数系统将继承粗加工工序中的参数，如图 7-52 所示。

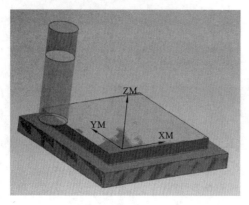

图 7-50　粗加工 3D 动态

图 7-51　复制程序

23）生成精加工刀轨

单击"生成刀轨"按钮，系统自动生成刀轨，如图 7-53 所示。

图 7-52　设置精加工工序参数

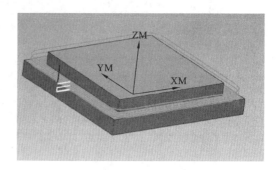

图 7-53　生成精加工刀轨

24）确认刀轨

选择单击"确认刀轨"按钮，弹出"刀轨可视化"对话框，如图 7-54 所示。

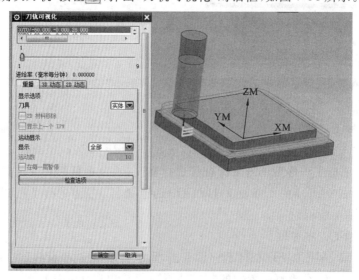

图 7-54　确认精加工刀轨选择

25）3D 效果图

选择"刀轨可视化"中的"3D 动态"选项卡,单击"播放"按钮 ▶ ,可动画演示精加工刀轨,如图 7-55 所示。

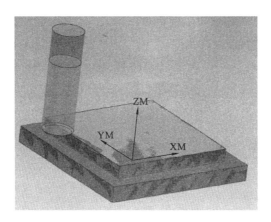

图 7-55　精加工 3D 动态

7.2.3　本项目操作技巧总结

（1）CAM 模块中很多基础操作是与建模模块中相同的,这些应用可以参考 CAD 设计的相关介绍。

（2）工序创建时省略了很多选项的设置,这些选项将使用系统设定的默认参数。

（3）必须选择部件几何体与刀具,否则不能进行刀轨生成。

（4）在刀轨设置的切削模式中,必须要根据切削的地方不一样来选择正确的切削模式,否则就不能生成刀具轨迹。

（5）采用重播方式是最基本的检验刀轨的方法,能够从不同视角查看刀轨的外边界是否超出需要的区域。

7.2.4　上机实践 17——心形凸模的加工

完成图 7-56 所示的心形凸模的加工。

具体工作包括:

（1）启动 UG NX 8.5,打开模型文件并进入加工模块。

（2）创建粗加工和精加工的工序。

（3）完成指定部件边界设置、刀具设置以及加工参数设定。

（4）生成刀轨并检验。

1. 工件分析

如图 7-56 所示,模型总体尺寸 180×140×40,此工件是一个心形凸模,比较简单。

材料:P20(3Cr2Mo)。

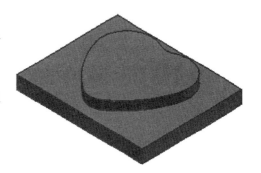

图 7-56　心形凸模的加工

2. 工艺安排

利用标准垫块使毛坯高于平口虎钳 40 mm 以上，再夹紧安装到机床上。

选用一把 Φ20 mm 的硬质合金平刀进行粗加工，然后再利用 Φ20 mm 的硬质合金平刀进行精加工，再用 Φ20 mm 的平刀对上表面进行面铣。

3. 操作步骤

（1）模型初始设置。启动 UG NX 8.5，打开模型文件并检查，确定工件坐标系，创建刀具。

（2）构建毛坯。

（3）进入加工模块。

（4）设置加工方法视图。

（5）设置坐标系。

（6）粗加工。

（7）精加工。

（8）面铣。

（9）刀轨校验。

单 元 小 结

本单元主要讲解包括数控加工基础知识的介绍，如工艺分析和规划、切削用量、刀具半径补偿与长度补偿、顺铣与逆铣等，还有数控加工的基本流程，如创建程序、创建几何体、创建刀具和创建操作等内容；而且通过一个简单的凸模加工项目将前面所讲解的内容联系起来，通过系统的一步步操作，让学生能够理论联系实际，更好地掌握 CAM 模块的应用。

思考与习题

1. 简述 UG CAM 模块的功能及特点。

2. UG CAM 的加工类型有哪些？

3. 工序导航器的功能是什么？

4. 简述 UG CAM 数控加工的基本步骤。

第8单元　平面铣加工

本单元通过项目介绍 UG NX 8.5 平面铣操作的基本操作方法和操作技巧,主要内容包括平面铣的特点、平面铣操作的创建步骤、平面铣操作几何体的选择、平面铣操作的参数设置等。

平面铣操作是 UG NX 8.5 加工模块的一个重要功能,也是本书的重点之一,通过加工项目实例学习和课后习题的练习,掌握平面铣操作的基本方法和技巧,在今后产品数控加工编程中能够灵活运用平面铣操作。

本单元学习目标

(1) 了解平面铣的特点。

(2) 掌握平面铣操作的创建步骤。

(3) 掌握平面铣操作的参数设置。

(4) 掌握平面铣粗精加工的参数设置。

项目 8-1　凹槽零件的数控加工

8.1.1　学习任务和知识要点

1. 学习任务

利用平面铣操作,完成如图 8-1 所示凹槽零件的数控加工。

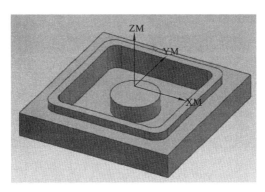

图 8-1　凹槽零件

2. 知识要点

(1) 平面铣操作的切削参数设置。

（2）平面铣加工的创建步骤和参数设置。

（3）完成零件的粗加工和精加工。

8.1.2 凹槽零件的加工操作步骤

1. 工件分析

平面铣是一种 2.5 轴的加工方式，它在加工过程中产生在水平方向的 X、Y 两轴联动，而只有在完成一层加工后才沿 Z 轴方向进入到下一层加工。平面铣只能加工与刀轴垂直的几何体，所以平面铣用于直壁、岛屿顶面和槽腔底面为平面零件的加工。一般情形下，对于直壁的水平底面为平面的零件，常选用平面铣操作进行粗加工和精加工。在薄壁结构件的加工中，广泛使用平面铣。通过设置不用的切削方式，平面铣可以完成挖槽或者是轮廓外形的加工。图 8-1 所示凹槽零件为直壁平面零件，结构比较简单，内部型腔为直壁凹槽，外侧面为直壁，适合用平面铣操作进行粗加工和精加工。

2. 数控加工工艺方案

根据零件的特点，数控加工工艺如下。

粗加工：该工件材料为铝，采用平面铣加工内部凹槽，采用"跟随部件"的走刀方式，挖槽通常采用由凹槽中间往外走刀，每刀切削深度2 mm，刀具采用 D10 的平底刀，侧面留 0.3 的精加工余量。采用平面铣加工外部侧面，同样采用"跟随部件"的走刀方式，每刀切削深度为 2 mm，刀具采用 D10 平底刀，侧面留 0.3 的精加工余量。

精加工：采用平面铣精加工内部凹槽的内壁和零件外部侧面，刀具采用 D16 的平底刀。

3. 创建加工模型

启动 UG NX 8.5 后，单击"标准"工具栏上的"打开" 按钮，打开"打开部件文件"对话框，选择"aocao.prt"，单击"确定"按钮，文件打开后如图 8-1 所示。

4. 进入加工环境

单击"标准"工具栏上的"启动"按钮 启动，在弹出的下拉菜单中选择"加工"命令，弹出"加工环境"对话框，如图 8-2 所示。在对话框中选择"mill_planar"，单击"确定"按钮，初始化加工环境。

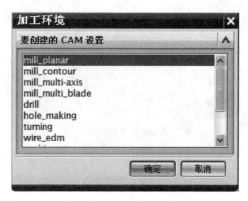

图 8-2 "加工环境"对话框

5. 创建刀具

单击"导航器"工具栏上的"机床视图"按钮🖥️，将操作导航器切换到机床刀具视图。单击"刀片"工具栏上的"创建刀具"按钮📄。弹出如图 8-3 所示"创建刀具"对话框。在"刀具子类型"选择"MILL"图标🔧，在"名称"文本框中输入"D10"。单击"创建刀具"对话框中的"确定"按钮，弹出如图 8-4 所示"铣刀-5 参数"对话框。在"铣刀-5 参数"对话框中将"直径"设定为10，"刀具号"设定为 1，其他参数接受默认设置。单击"确定"按钮，完成刀具创建。重复上述刀具创建过程，创建刀具 D16 的铣刀。将"直径"设定为 16，"刀具号"设定为 2，其他参数采用默认设置。

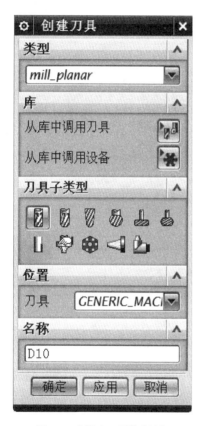

图 8-3　"创建刀具"对话框

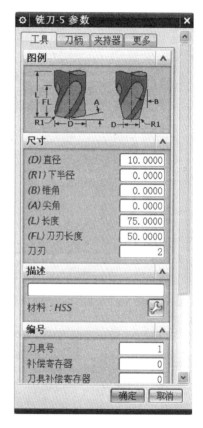

图 8-4　"铣刀-5 参数"对话框

6. 创建加工几何组

（1）切换视图显示。单击"导航器"工具栏上的"几何视图"按钮🖥️，将"操作导航器"切换到几何视图显示。

（2）设置 MCS_MILL。双击"工序导航器-几何视图"中的"MCS_MILL"图标🔧 MCS MILL，弹出"MCS 铣削"对话框。单击"指定 MCS"，选择部件上表面，如图 8-5 所示，勾选"链接 RCS 与 MCS"选项。

（3）设置安全平面。选择"安全设置选项"下拉菜单中的"平面"，选择部件上表面，在"距离"文本框中输入"20"，将安全平面设置相对于工件上表面的距离为 20 mm。单击"确定"按钮，在图形区会显示安全平面所在的位置，如图 8-6 所示。

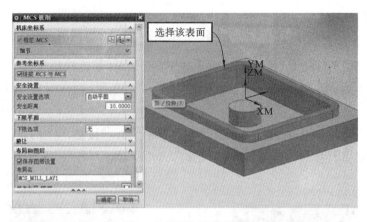

图 8-5 设置机床坐标系

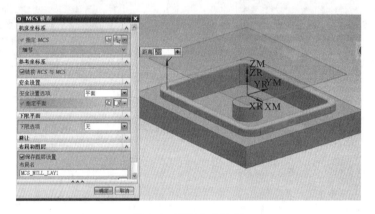

图 8-6 设置安全平面

（4）创建部件几何。在"工序导航器"中双击"WORKPIECE"图标，弹出"工件"对话框，如图 8-7 所示。

图 8-7 "工件"对话框

单击"指定部件"图标![icon]，弹出"部件几何体"对话框，选中整个部件体，如图 8-8 所示，单击"确定"按钮，返回到"几何体"对话框。

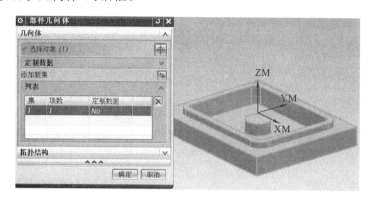

图 8-8 指定部件

单击"指定毛坯"图标![icon]，弹出"毛坯几何体"对话框，单击"类型"的下拉菜单，选择"包容块"选项，如图 8-9 所示，单击"确定"按钮，返回到"几何体"对话框。

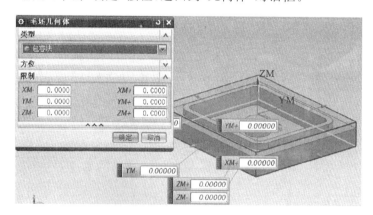

图 8-9 指定毛坯

7. 设置加工方法组

单击"工序导航器"工具栏上的"加工方法视图"按钮![icon]，工序导航器切换到加工方法视图。双击"工序导航器"中的"MILL_ROUGH"图标，弹出"铣削粗加工"对话框。"部件余量"设置为 0.3，"内公差"和"外公差"设置为 0.3，如图 8-10 所示。单击"确定"按钮，完成粗加工方法设定。

双击"工序导航器"中的"MILL_FINISH"图标，弹出"铣削精加工"对话框。"部件余量"设置为 0，"内公差"和"外公差"设置为 0.01，如图 8-11 所示。单击"确定"按钮，完成精加工方法设定。

8. 毛坯上表面平面铣精加工

1）创建工序

在"刀片"工具条上单击"创建工序"按钮![icon]，弹出"创建工序"对话框。在"创建工序"对话框中的"类型"下拉列表中选择"mill_planar"，"工序子类型"选择第一行第五个图标![icon]（PLANAR_MILL），"程序"选择"NC_PROGRAM"，"刀具"选择"D16（铣刀-5 参数）"，"几何体"选择"WORKPIECE","方法"选择"MILL_FINISH",在"名称"文本框中输入"PLANAR_MILL_1",如图 8-12 所示。单击"确定"按钮,弹出"平面铣"对话框,如图 8-13 所示。

图 8-10　创建粗加工方法

图 8-11　创建精加工方法

图 8-12　"创建工序"对话框

图 8-13　"平面铣"对话框

2）创建平面铣几何体

在"几何体"选项区中,单击"指定毛坯边界"图标，弹出"边界几何体"对话框,选择最大的面,显示为红色的边界为毛坯范围,"材料侧"为"内部",所选的边界内部为毛坯的材料范围。其他参数选择如图 8-14 所示,单击"确定"按钮返回到"平面铣"对话框。

在"几何体"组框中,单击"指定底面"图标，弹出"平面"对话框,单击"类型"下拉菜单,选择"自动判断"选项,如图 8-15 所示。用鼠标选取部件上表面,如图 8-16 所示。单击"确定"按钮完成底面设置。底面是用来指定平面铣的最低高度,也是刀路产生的最低深度。而毛坯上表面的平面铣,只需在上表面产生一个平面铣的刀路。

3）选择切削模式和设置切削用量

在"平面铣"对话框的"刀轨设置"组框中进行切削模式和切削用量的设置,如图 8-17 所示。在"切削模式"下拉列表中选择"往复"方式。设置切削步进:在"步距"下拉列表中选择"刀具平直百分比",在"平面直径百分比"文本框输入"70"。单击"切削层"图标,弹出"切削

 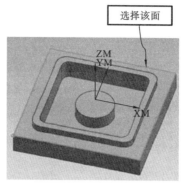

图 8-14　选择边界几何

层"对话框,设置"每刀深度"为 0,如图 8-18 所示。加工的时候只需要在对刀时将加工坐标系 Z 坐标减小 0.3,就可以切到毛坯材料。单击"确定"按钮,返回到"平面铣"对话框。

 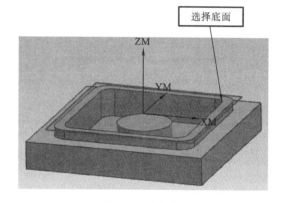

图 8-15　"平面"对话框　　　　　　　　图 8-16　指定底面

图 8-17　"刀轨设置"对话框　　　　　图 8-18　设置切削层参数

4) 设置切削参数

在"平面铣"对话框中,单击"刀轨设置"图标,弹出"切削参数"对话框,进行切削参数设置。在"策略"选项卡中将"切削方向"设置为"顺铣";在"拐角"选项卡中的"拐角处的刀轨形状"选项中将"光顺"设置为"所有刀路",其他参数采用默认设置,如图 8-19 所示。单击"切削参数"对话框中的"确定"按钮,完成切削参数设置。

5)设置非切削移动参数

在"平面铣"对话框中,单击"刀轨设置"图标,弹出"非切削移动"对话框,进行非切削移动参数设置。将"进刀"选项卡中"开放区域"的"进刀类型"选择为"圆弧",其他参数接受默认设置,如图 8-20 所示。单击"非切削移动"对话框中的"确定"按钮,完成非切削移动参数设置。

图 8-19　设置切削参数

图 8-20　设置非切削移动参数

6)设置主轴速度和进给速度

单击"刀轨设置"组框中的"进给率和速度"图标,弹出"进给率和速度"对话框。设置"主轴转速"为 2000,设置"进给率"组框中的"切削"为 800 mmpm(mm/min),其他接受默认设置,如图 8-21 所示。

图 8-21　设置进给率和速度参数

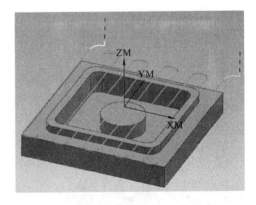

图 8-22　生成加工刀轨

7)生成刀轨路径并仿真加工

在"操作"对话框中完成参数设置后,单击该对话框底部"操作"组框中的"生成"按钮,可在操作对话框下生成刀具路径,如图 8-22 所示。单击"操作"对话框底部"操作"组框中的"确认"按钮,弹出"刀轨可视化"对话框,然后选择"2D 动态"选项卡,单击"播放"按钮,可进行 2D 动态刀具切削过程模拟。

9. 外部轮廓平面铣粗加工

1) 创建工序

在"刀片工具条"上单击"创建工序"按钮，弹出"创建工序"对话框。在"创建工序"对话框中的"类型"下拉列表中选择"mill_planar"，"工序子类型"选择第一行第五个图标（PLANAR_MILL），"程序"选择"NC_PROGRAM"，"刀具"选择"D10（铣刀-5 参数）"，"几何体"选择"WORKPIECE"，"方法"选择"MILL_ROUGH"，在"名称"文本框中输入"PLANAR_MILL_2"，如图 8-23 所示。单击"确定"按钮，弹出"平面铣"对话框，图 8-24 所示。

图 8-23　"创建工序"对话框

图 8-24　"平面铣"对话框

2) 创建平面铣几何体

在"几何体"组框中，单击"指定部件边界"图标，弹出"边界几何体"对话框，单击"模式"后面的下拉菜单，选择"曲线/边"，如图 8-25 所示，打开"创建边界"对话框，选择最上面的面的边线，如图 8-26 所示，"材料侧"为"内部"，所选的边界内部为部件的材料范围。其他参数选为默认，连续两次单击"确定"按钮，返回到"平面铣"对话框。

图 8-25　"边界几何体"对话框 1

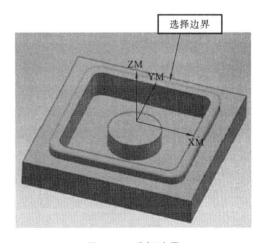

图 8-26　选择边界

在"几何体"组框中,单击"指定毛坯边界"图标 ,弹出"边界几何体"对话框,如图 8-27 所示,选择模型中最大的面,如图 8-28 所示,显示为红色的边界为毛坯范围。"材料侧"为"内部",所选的边界内部为毛坯的材料范围,其他参数如图 8-27 所示,单击"确定"按钮。再次单击"指定毛坯边界"图标 ,在弹出的如图 8-29 所示"编辑边界"对话框中,"平面"下拉选项选择"用户定义",弹出"平面"对话框,如图 8-30 所示,用鼠标选取零件最上的表面,单击"确定"按钮,返回"平面铣"对话框。毛坯边界如图 8-31 所示。

图 8-27　"边界几何体"对话框 2

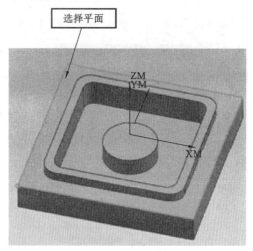

图 8-28　指定毛坯边界

图 8-29　"编辑边界"对话框

图 8-30　"平面"对话框 1

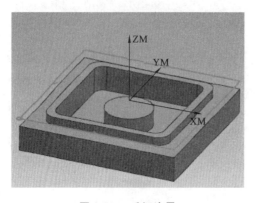

图 8-31　毛坯边界

图 8-32　"平面"对话框 2

在"几何体"组框中,单击"指定底面"图标,弹出"平面"对话框,单击"类型"下拉菜单,选择"自动判断"选项,如图 8-32 所示。鼠标选取零件上的面,单击"确定"按钮完成底面设置,结果如图 8-33 所示。底面是用来指定平面铣的最低高度,也是刀路产生的最低深度。

3)选择切削模式和设置切削用量

在"平面铣"对话框的"刀轨设置"组框中进行切削模式和切削用量的设置,如图 8-34 所示。在"切削模式"下拉列表中选择"跟随周边"方式。在"步距"下拉列表中选择"刀具平直百分比",在"平面直径百分比"文本框输入"80"。单击"切削层"图标,弹出"切削层"对话框,在"类型"下拉菜单中选择"恒定",设置"每刀深度"为 2,如图 8-35 所示,单击"确定"按钮,返回"平面铣"对话框。

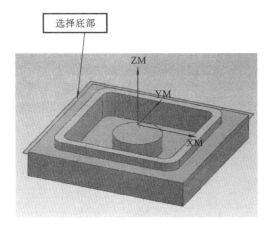

图 8-33　指定底面

图 8-34　刀轨设置

4)设置切削参数

在"平面铣"对话框中,单击"刀轨设置"组框中的"切削参数"图标,弹出"切削参数"对话框,进行切削参数设置。"策略"选项卡中"切削方向"设置为"顺铣","刀路方向"设置为"向内",如图 8-36 所示;在"拐角"选项卡中的"拐角处的刀轨形状"设置"光顺"为"所有刀路",其他参数采用默认设置。单击"切削参数"对话框中的"确定"按钮,完成切削参数设置。

图 8-35　设置切削用量

图 8-36　设置切削参数

5）设置非切削移动参数

在"平面铣"对话框中，单击"刀轨设置"组框中的"非切削移动"图标，弹出"非切削移动"对话框，进行非切削移动参数设置。将"进刀"选项卡中"开放区域"的"进刀类型"选择为"圆弧"进刀。"转移/快速"选项卡中"区域内"的"转移类型"选择为"前一平面"进刀，以减少加工过程的抬刀高度，其他参数采用默认设置，如图 8-37 所示。单击"非切削移动"对话框中的"确定"按钮，完成非切削移动参数设置。

6）设置主轴速度和进给速度

单击"刀轨设置"组框中的"进给率和速度"图标，弹出"进给率和速度"对话框。设置"主轴转速"为"1500"，切削速度为"800"。其他采用默认设置，如图 8-38 所示。

图 8-37 设置非切削参数

图 8-38 设置进给率和速度

7）生成刀轨路径并仿真加工

在"操作"对话框中完成参数设置后，单击该对话框底部"操作"组框中的"生成"按钮，可在操作对话框下生成刀具路径，如图 8-39 所示。单击"操作"对话框底部"操作"组框中的"确认"按钮，弹出"刀轨可视化"对话框，然后选择"2D 动态"选项卡，单击"播放"按钮，可进行 2D 动态刀具切削过程模拟，如图 8-40 所示。

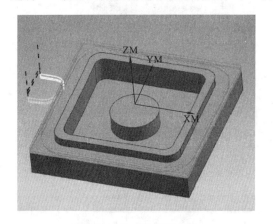

图 8-39 生成的刀具轨迹

图 8-40 完成模拟加工后的工件

10. 外部轮廓侧壁精加工

用鼠标右键单击"PLANAR_MILL_2",在右键菜单中单击"复制",同样右键单击"PLANAR_MILL_2",在右键菜单中单击"粘贴",将 PLANAR_MILL_2 复制一份,生成"PLANAR_MILL_2_COPY",如图 8-41 所示。外部轮廓的精加工只要在粗加工的基础上修改一下参数就可以了。

1) 选择切削模式和设置切削用量

双击"PLANAR_MILL2_COPY",在"平面铣"对话框的"刀轨设置"组框中进行切削模式和切削用量的设置,如图 8-42 所示。在"方法"下拉列表中选择"MILL_FINISH"。在"切削模式"下拉列表中选择"轮廓加工"方式。单击"切削层"按钮▦,弹出"切削层"对话框,在"类型"下拉菜单中选择"恒定",设置"每刀深度"为 0。外侧壁加工只需要刀具沿侧壁走一圈,不用分层,单击"确定"按钮,返回"平面铣"对话框。

图 8-41　复制刀轨

图 8-42　设置刀轨

2) 设置非切削移动参数

单击"刀轨设置"组框中的"非切削移动"图标▦,弹出"非切削移动"对话框,进行非切削移动参数设置。"起点/钻点"选项卡中"重叠距离"设置为 5 mm。目的是为了避免在侧面进刀和退刀的地方留下刀痕,如图 8-43 所示。单击"非切削移动"对话框中的"确定"按钮,完成非切削移动参数设置。

3) 设置主轴速度和进给速度

单击"刀轨设置"组框中的"进给率和速度"图标▦,弹出"进给率和速度"对话框。设置"主轴转速"为"2000"rpm,"切削速度"为"600 mmpm"(mm/min),其他采用默认设置,如图 8-44所示。

图 8-43　设置非切削移动参数

图 8-44　设置进给率和速度

4）生成刀轨路径并仿真加工

在"操作"对话框中完成参数设置后，单击该对话框底部"操作"组框中的"生成"按钮 ![icon]，可在操作对话框下生成刀具路径，如图 8-45 所示。单击"操作"对话框底部"操作"组框中的"确认"按钮 ![icon]，弹出"刀轨可视化"对话框，然后选择"2D 动态"选项卡，单击"播放"按钮 ![icon]，可进行 2D 动态刀具切削过程模拟，如图 8-46 所示。

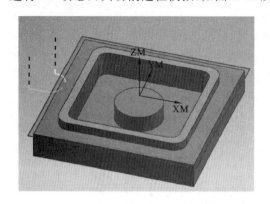

图 8-45　生成的刀具轨迹

图 8-46　完成模拟加工后的工件

11. 内部凹槽平面铣粗加工

1）创建工序

在"刀片工具条"上单击"创建工序"按钮 ![icon]，弹出"创建工序"对话框。在"创建工序"对话框中的"类型"下拉列表中选择"mill_planar"，"工序子类型"选择第一行第五个图标 ![icon]（PLANAR_MILL），"程序"选择"NC_PROGRAM"，"刀具"选择"D10（铣刀-5 参数）"，"几何体"选择"WORKPIECE"，"方法"选择"MILL_ROUGH"，在"名称"文本框中输入"PLANAR_MILL_3"，如图 8-47 所示。单击"确定"按钮，弹出"平面铣"对话框，如图 8-48 所示。

图 8-47　创建工序

图 8-48　"平面铣"对话框

2）创建平面铣几何体

在"几何体"组框中，单击"指定部件边界"后的图标，弹出"边界几何体"对话框，单击"模式"右面的下拉菜单，选择"面"，如图 8-49 所示，依次选择三个面，如图 8-50 所示。"材料侧"为"内部"，所选的边界内部为部件的材料范围。

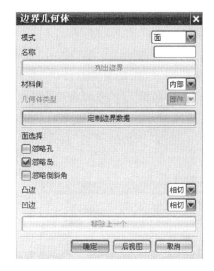

图 8-49　"边界几何体"对话框

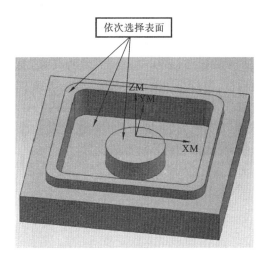

图 8-50　设置部件边界

在"几何体"组框中，单击"指定底面"后的图标，弹出"平面"对话框，单击"类型"下拉菜单，选择"自动判断"选项，如图 8-51 所示，鼠标选取凹槽底面，如图 8-52 所示。单击"确定"按钮完成底面设置。底面是用来指定平面铣的最低高度，也是刀路产生的最低深度。

图 8-51　"平面"对话框

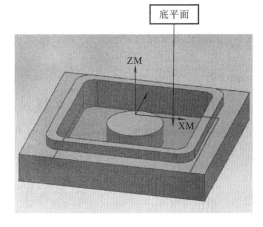

图 8-52　指定底面

3）选择切削模式和设置切削用量

在"平面铣"对话框的"刀轨设置"组框中进行切削模式和切削用量的设置，如图 8-53 所示。在"切削模式"下拉列表中选择"跟随部件"方式。设置切削步进：在"步距"下拉列表中选择"刀具平直百分比"，在"平面直径百分比"文本框中输入"70"。单击"切削层"图标，弹出"切削层"对话框，在"类型"下拉菜单中选择"恒定"，将"每刀深度"中的"公共"设置为 2 mm，如图 8-54 所示,单击"确定"按钮,返回"平面铣"对话框。

4）设置切削参数

在"平面铣"对话框中,单击"刀轨设置"组框中的"切削参数"图标🖾,弹出"切削参数"对话框,进行切削参数设置。在"策略"选项卡中将"切削方向"设置为"顺铣",将"拐角"选项卡中的"拐角处的刀轨形状"设置"光顺"项为"所有刀路",其他参数采用默认设置,如图 8-55 所示。单击"切削参数"对话框中的"确定"按钮,完成切削参数设置。

5）设置非切削移动参数

在"平面铣"对话框中,单击"刀轨设置"组框中的"非切削移动"图标🖾,弹出"非切削移动"对话框,进行非切削移动参数设置。"进刀"选项卡中"开放区域"的"进刀类型"选择为"圆弧"进刀。"转移/快速"选项卡中"区域内"的"转移类型"选择为"前一平面"进刀,以减少加工过程的抬刀高度,其他参数采用默认设置,如图 8-56 所示。单击"非切削移动"对话框中的"确定"按钮,完成非切削移动参数设置。

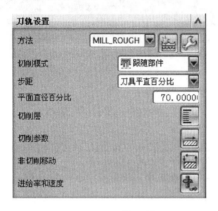

图 8-53　刀轨设置

图 8-54　设置切削层参数

图 8-55　设置切削参数

图 8-56　设置非切削参数

6）设置主轴速度和进给速度

单击"刀轨设置"组框中的"进给率和速度"图标🐿,弹出"进给率和速度"对话框。设置

"主轴转速"为 2500 rpm,切削速度为 1200 mmpm,其他采用默认设置,如图 8-57 所示。

7)生成刀轨路径并仿真加工

在"操作"对话框中完成参数设置后,单击该对话框底部"操作"组框中的"生成"按钮,可在操作对话框下生成刀具路径,如图 8-58 所示。单击"操作"对话框底部"操作"组框中的"确认"按钮,弹出"刀轨可视化"对话框,然后选择"2D 动态"选项卡,单击"播放"按钮,可进行 2D 动态刀具切削过程模拟,如图 8-59 所示。

图 8-57 设置进给率和速度参数

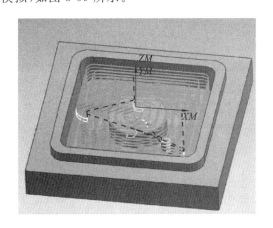

图 8-58 生成的刀具轨迹

图 8-59 完成模拟加工后的工件

12. 内部凹槽平面铣精加工

在"工序导航器"中,用鼠标右键单击"PLANAR_MILL_3",在弹出的快捷菜单中单击"复制",同样右键单击"PLANAR_MILL_3",在右键菜单中单击"粘贴",将"PLANAR_MILL_3"复制一份,生成"PLANAR_MILL_3_COPY",如图 8-60 所示,内部凹槽的精加工只要在粗加工的基础上修改一下参数就可以了。

图 8-60 复制刀轨

图 8-61 刀轨设置

1)选择切削模式和设置切削用量

双击"PLANAR_MILL_3_COPY",在"平面铣"对话框的"刀轨设置"组框中进行切削模式和切削用量的设置,如图 8-61 所示。在"方法"下拉列表中选择"MILL_FINISH"。在"切削模式"下拉列表中选择"轮廓加工"方式。单击"切削层"图标,弹出"切削层"对话框,在"类型"下拉菜单选择"恒定",设置"每刀深度"为 20 mm。凹槽的实际深度为 15 mm,每刀深度值

20 mm 超过 15 mm,因此凹槽内壁生成一层刀路,侧面精加工只需要刀具沿凹槽内壁走一圈,不用分层,完成内壁精加工,单击"确定"按钮,返回"平面铣"对话框。

2)设置非切削移动参数

单击"刀轨设置"组框中的"非切削移动"图标 ,弹出"非切削移动"对话框,进行非切削移动参数设置。将"起点/钻点"选项卡中的"重叠距离"设置为 5 mm,目的是为了避免在侧壁进刀和退刀的地方留下刀痕,如图 8-62 所示。单击"非切削移动"对话框中的"确定"按钮,完成非切削移动参数设置。

图 8-62   设置非切削参数

图 8-63   设置进给率和速度

3)设置主轴速度和进给速度

单击"刀轨设置"组框中的"进给率和速度"图标,弹出"进给率和速度"对话框。设置"主轴转速"为 3000 rpm,切削速度为 1000 mmpm,其他采用默认设置,如图 8-63 所示。

4)生成刀轨路径并仿真加工

在"操作"对话框中完成参数设置后,单击该对话框底部"操作"组框中的"生成"按钮,可在操作对话框下生成刀具路径,如图 8-64 所示。单击"操作"对话框底部"操作"组框中的"确认"按钮,弹出"刀轨可视化"对话框,然后选择"2D 动态"选项卡,单击"播放"按钮,可进行 2D 动态刀具切削过程模拟,如图 8-65 所示。

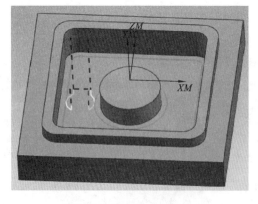

图 8-64   生成的刀具轨迹

图 8-65   完成模拟加工后的工件

13. 后处理

在"工序导航器"中,用鼠标右键单击生成刀具路径的操作,在右键菜单中选择"后处理",或者单击"操作工具条"中的"后处理"按钮,弹出"后处理"对话框,如图 8-66 所示。选择

MILL_3_AXIS 后处理器类型，后处理器文件也可以根据自己的数控系统类型，通过 UG 8.5 后处理构造器(Post Builder)自定义生成，选择合适的文件保存目录，输入程序文件名，单击"确定"按钮，生成 NC 代码，如图 8-67 所示。

图 8-66　"后处理"对话框

图 8-67　生成的数控程序组

8.1.3　本项目操作技巧总结

　　平面铣是一种 2.5 轴的加工方法，用所选的边界和材料侧方向来定义加工区域，因此也可以不作出完整的实体造型，而只依据 2D 图形就可以直接生成刀具轨迹。平面铣主要用于直壁的，并且岛屿的顶面和槽腔的底面为平面的零件的加工，而不能加工曲面。本例中选用的平面铣的子类型是最常用的平面铣加工方法，掌握了该操作方法，其他平面铣的子类型很容易自学掌握。

　　本例中第一个数控程序是加工零件上表面，切削深度为 0，实际数控加工中，在对完刀后，只需将 Z 坐标下降 0.3，加工过程中就可以切到零件上表面，完成零件的面铣。

　　平面铣几何体选项中的指定底面是一个垂直于刀具轴的平面，不能选择非平面的曲面，它用于指定平面铣的最低高度，定义底平面后，其余切削平面平行于底平面而产生。

　　在加工零件轮廓外侧面时，采用"跟随周边"的方法比"跟随部件"要减少抬刀次数，一般粗加工采用"跟随周边"。一般在加工中间的凹槽时，刀具的走刀方向都是由中间往外的方向。封闭的区域采用螺旋式进刀，开放区域采用圆弧式进刀。

8.1.4　上机实践 18—— 双心座的加工

　　双心座如图 8-68 所示。毛坯尺寸为 220×120×30，底平面已加工，请创建此工件的全部加工操作，并生成数控程序。

　　操作步骤：

　　(1) 完成双心座上表面的数控精加工。

　　(2) 完成双心座平面铣操作粗加工。底面不留余量，侧面留 0.3 余量。

　　(3) 完成双心座侧面平面铣操作精加工。

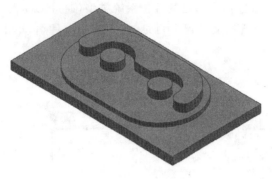

图 8-68 双心座

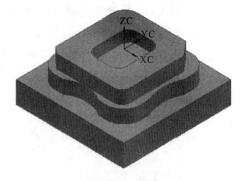

图 8-69 底座

8.1.5 上机实践 19——底座的加工

底座如图 8-69 所示。毛坯尺寸为 $100×100×30$，底平面已加工，请创建此工件的全部加工操作，并生成数控程序。

操作步骤：

（1）完成底座上表面的数控精加工。

（2）完成底座平面铣操作粗加工。底面不留余量，侧面留 0.3 余量。

（3）完成底座侧面平面铣操作精加工。

单 元 小 结

平面铣通常用于粗加工切去大部分材料，也用于精加工外形、清除转角残留余量。平面铣要求几何体的面平行于或垂直于刀轴，是通过边或者曲线创建的边界来确定加工区域。适用于底面为平面且垂直于刀具轴、侧壁为垂直面的工件。平面铣可以进行单层或多层切削。

思考与习题

创建如图 8-70 所示工件的全部加工操作，并生成数控程序。

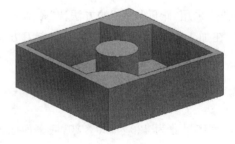

图 8-70 零件图

第9单元 型腔铣加工

型腔铣加工在数控加工应用上最为广泛,用于大部分的粗加工,以及直壁或者斜度不大的侧壁的精加工。型腔铣用以切除大部分毛坯材料,几乎适用于加工任意形状的几何体。型腔轮廓铣的特点是刀具路径在同一高度内完成一层切削,遇到曲面时将其绕过,下降一个高度进行下一层的切削。系统按照零件在不同深度的截面形状,计算各层的刀路轨迹。型腔铣在每一个切削层上,根据切削层平面与毛坯和零件几何体的交线来定义切削范围。通过限定高度值,只做一层切削,形腔铣可用于平面的精加工,以及清角加工等。

型腔铣和平面铣一样,用刀具侧面的刀刃对垂直面进行切削,底面的刀刃切削工件底面的材料。不同之处在于定义切削加工材料的方法不同。

本单元以项目的形式介绍 UG NX 8.5 型腔铣加工的基本操作方法和操作技巧,主要内容包括选择型腔铣加工环境和型腔铣工序类型、设置铣削加工几何体、设置操作参数、生成刀轨、模拟加工及使用后处理生成 CNC 程序等。

本单元学习目标

(1) 熟悉 UG NX 加工模块中型腔铣模板的功能。

(2) 熟练掌握各加工工序创建方法。

(3) 掌握各种型腔铣类型操作参数的设置。

(4) 掌握生成刀轨和模拟加工的操作方法。

(5) 具备后处理的能力。

项目 9-1 花型凹模的加工

9.1.1 学习任务和知识要点

1. 学习任务

完成如图 9-1 所示花型凹模的加工。此工件由 UG 建模模块构建,工作坐标系原点建立在模型的顶面中心处,矩形底座已经加工到位,但顶面尚有 2 mm 的加工余量。

2. 知识要点

(1) 型腔铣数控加工工艺。

(2) 型腔铣工序的创建。

图 9-1 花型凹模模型

（3）型腔铣加工几何体选择及型腔铣加工工序参数设置。

（4）生成刀轨、模拟加工及后处理。

9.1.2　花型凹模的加工操作步骤

1. 工件分析

观察该部件，是一个轮廓型腔，中间有一个圆形型芯的零件，是典型的型腔铣加工零件。用型腔铣进行粗加工操作去除大量的平面层材料，为后续的精加工操作做准备。

工件毛坯：100×100×20 板料，底平面及周边已加工完毕。

加工机床：立式加工中心。

加工方式：型腔铣、轮廓铣。

2. 数控加工工艺方案

加工工序：以底平面及两个相互垂直的侧表面进行定位和装夹，注意装夹高度，不能在切削过程中碰撞到工件，一次性装夹后，完成全部切削操作，共设计三个加工工步，数控加工工艺见表 9-1。

表 9-1　数控加工工艺

加工步骤	程序名称	加工方式	加工刀具	切削速度(s,r/min v_c,mm/min)
1	CAVITY_MILL （型腔铣）	粗铣型腔(侧面底面加工余量均为 1 mm)	D16R4	s＝800　v_c＝250
2	ZLEVEL_PROFILE （深度加工轮廓）	精铣侧表面	D6R1	s＝1000　v_c＝200
3	FINISH_FLOOR （精铣底面）	精铣底座平面(两个底面分两个工步进行)	D6	s＝1000　v_c＝200

3. 打开模型文件

启动 UG NX 8.5，打开源文件"huaxingaomo. prt"模型，单击"OK"按钮。打开的零件模型如图 9-1 所示。

4. 进入加工环境

单击"开始"→"加工"命令，界面上会出现一个"加工环境"对话框（快捷键方式 Ctrl＋Alt＋M），将"要创建的 CAM 设置"栏里面的"mill_contour"项选中，如图 9-2 所示。此设置是确定使用铣床进行轮廓铣加工。

5. 创建刀具

创建第一把加工刀具鼓形铣刀 D16R4：将"工序导航器"转换为"机床视图"，单击"刀片"工具条上的"创建刀具"按钮，弹出"创建刀具"对话框。"类型"选择"mill_contour"，刀具子类型选择 MILL 铣刀，"名称"输入"D16R4"，如图 9-3 所示，单击"确定"按钮，弹出"铣刀-5参数"对话框。在弹出来的"铣刀-5 参数"对话框中，"直径"输入 16，"下半径"输入 4，"刀具号"输入 1，单击"确定"按钮，完成第一把加工刀具的创建，如图 9-4 所示。

图 9-3　鼓形铣刀的创建

图 9-2　进入加工环境

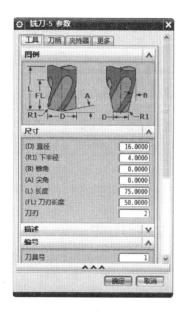

图 9-4　1 号铣刀参数设置

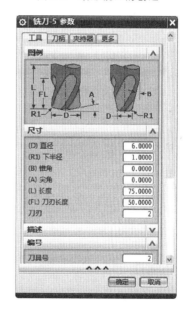

图 9-5　2 号铣刀参数设置

　　创建第二把加工刀具鼓形铣刀 D6R1：创建方法同 1 号刀，不同之处为在"创建刀具"对话框的"名称"栏中输入"D6R1"，在弹出来的"铣刀-5 参数"对话框中，"直径"输入"6"，"下半径"输入"1"，"刀具号"输入"2"，如图 9-5 所示。单击"确定"按钮，完成第二把加工刀具的创建。

　　创建第三把加工刀具铣刀 D6：单击"创建刀具"按钮，弹出"创建刀具"对话框。"类型"选择"mill_planar"，刀具子类型选择 MILL 铣刀，"名称"输入"D6"，如图 9-6 所示，单击"确定"按钮，弹出"铣刀-5 参数"对话框，在"铣刀-5 参数"对话框中，"直径"输入 6，"下半径"输入 0，"刀具号"输入 3，如图 9-7 所示，单击"确定"按钮，完成第三把加工刀具的创建。

6. 创建几何体

　　这里的创建几何体，是指将在建模模块已经完成的加工件实体模型引入到指定的加工环境中。只有在指定的加工环境中,正确地定义好要进行加工的几何体要素,才能生成正确的加工刀具轨迹,因此,这是一个十分重要的操作步骤。

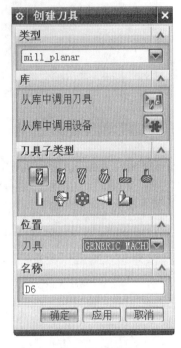

图 9-6 铣刀的创建

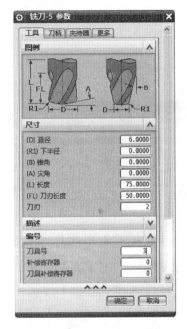

图 9-7 3 号铣刀参数设置

在创建几何体操作中,包括三项主要内容,即机床坐标系、工件几何和毛坯几何。

1) 设置机床坐标(加工坐标系)

将"工序导航器"转换为"几何视图",双击工序导航器内的"MCS_MILL" MCS MILL,系统弹出"MCS 铣削"对话框,观察花型凹模,坐标系位于上表面中心位置,如图 9-8 所示。这是因为实体建模操作中考虑了与机床坐标系的对应关系,在选择基准平面和绘制草图时将轮廓曲线画在了 ZC 轴的下边,因此,在创建几何体的操作中可以不必再重新设置机床坐标系。在"参考坐标系"下勾选"链接 RCS 与 MCS",将"安全设置选项"设为"自动平面","安全距离"设置为 10,单击"确定"按钮。若建模图形并不在 Z 轴下方,则要使用"MCS 铣削"

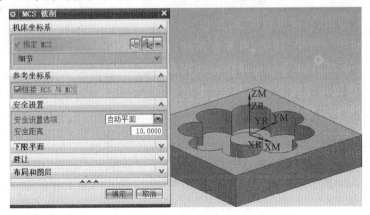

图 9-8 创建机床坐标系

对话框中的"指定 MCS"的"CSYS 对话框" 图标进行设置,将加工坐标系移到上表面位置。

2)创建几何体

双击工序导航器内的"WORKPIECE"图标WORKPIECE,弹出"工件"对话框,如图 9-9 所示。

单击"几何体"选项下的"指定部件"图标,弹出"部件几何体"对话框,选中整个模型,如图 9-10 所示,单击"确定"按钮,返回到"工件"对话框。

单击"指定毛坯"图标,弹出"毛坯几何体"对话框,单击"类型"的下拉菜单,选择"包容块"选项,由于顶面尚有 2 mm 的加工余量,所以在限制位"ZM+"中输入 2,如图 9-11 所示。单击"确定"按钮,返回到"工件"对话框,单击"确定"按钮,完成几何体的创建。

图 9-9　"工件"对话框

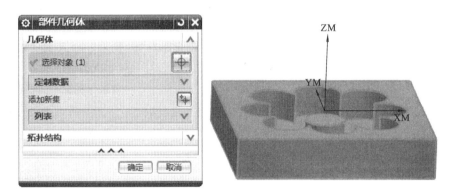

图 9-10　部件几何体的选择

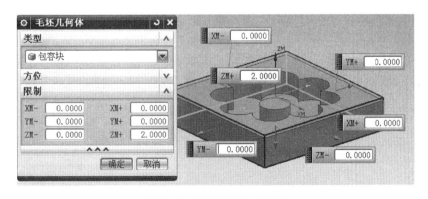

图 9-11　毛坯几何体的设置

7. 创建加工操作

1)粗铣型腔

选用 D16R4 鼓形刀,即直径为 16,圆角半径为 4 的铣刀,用型腔铣方式进行粗加工,粗铣后,底座平面与侧表面均留 1 mm 余量,设置 $s = 800$,$v_c = 250$。

(1)创建工序。单击"刀片"工具条上的"创建工序" 命令,弹出"创建工序"对话框,设置上面的各项参数如下(见图 9-12)。

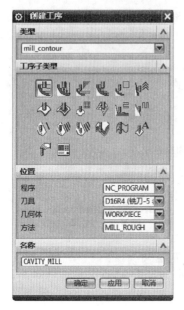

图 9-12 "创建工序"对话框

类型:MILL_contour。

工序子类型:型腔铣(第一行第一个图标 )。

程序:NC_PROGRAM。

刀具:D16R4。

几何体:WORKPIECE(已设置的工件几何体)。

方法:MILL_ROUGH(粗铣)。

名称:CAVITY_MILL。

设置后,单击"应用"按钮,进入"型腔铣"对话框。

(2)指定切削区域。进入"型腔铣"对话框后,单击"指定切削区域"图标,弹出"切削区域"对话框,选中部件体上要加工的 3 个面,单击"确定"按钮,如图 9-13 所示。

(3)指定切削模式。在"切削模式"的下拉菜单中选择"跟随周边",在"步距"的下拉菜单中选择"刀具平直百分比","平面直径百分比"设置为 70,在"每刀的公共深度"的下拉菜单中选择"恒定","最大距离"设置为 2 mm,其他参数不变,如图 9-14 所示。

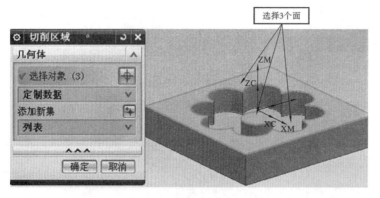

图 9-13 指定切削区域

图 9-14 "型腔铣"对话框

(4)设置切削参数。单击"型腔铣"对话框中的"切削参数"图标,进入"切削参数"对话框,在"策略"选项卡中设置"切削方向"为"顺铣"、"切削顺序"为"深度优先";在"连接"选项卡中设置"区域排序"为"优化";在"余量"选项卡中勾选"使底面余量与侧面余量一致",并将"部件侧面余量"设置为 1,内、外公差均为 0.03,如图 9-15 所示。

(5)设置非切削移动参数。在"型腔铣"对话框中单击"非切削移动"图标,系统弹出"非切削移动"对话框。在"进刀"选项卡下,在"封闭区域"中"进刀类型"的下拉菜单中选择"螺旋";在"开放区域"中"进刀类型"的下拉菜单中选择"线性",其余参数采用系统默认值,如图

图 9-15　切削参数对话框

9-16 所示。

在"退刀"选项卡下,在"退刀类型"的下拉菜单中选择"与进刀相同",其余参数采用系统默认值,如图 9-17 所示。

(6) 设置进给率和速度。在"型腔铣"对话框中,单击"进给率和速度"右侧按钮，弹出"进给率和速度"对话框,设置"主轴速度"为 800 rpm,进给率"切削"为 250 mmpm,如图 9-18 所示。

(7) 生成刀路轨迹并仿真。单击"型腔铣"对话框的"生成"按钮，生成刀路轨迹如图

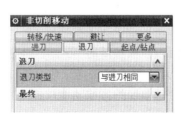

图 9-16　"进刀"参数设置　　图 9-17　"退刀"参数设置　　图 9-18　进给率和速度参数

9-19所示。单击"型腔铣"对话框的"确认"按钮![icon]，系统弹出"刀轨可视化"对话框。在"刀轨可视化"对话框中单击"2D 动态"选项卡，采用系统默认参数设置，调整动画速度后单击"播放"![icon]按钮，即可观察到 2D 动态仿真加工，加工后结果如图 9-20 所示。分别在"刀轨可视化"对话框和"型腔铣"对话框中单击"确定"，完成型腔铣加工。

2）精铣外表面

选用 D6R1 鼓形刀，即直径为 6，圆角半径为 1 的铣刀，用深度加工轮廓铣方式进行粗加工，使侧表面达到加工要求，设置 s＝1000，v_c＝200。

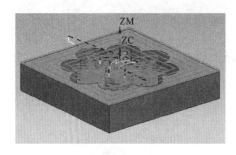

图 9-19　刀路轨迹

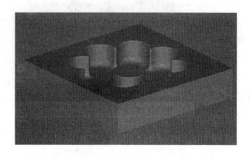

图 9-20　2D 仿真结果

深度加工轮廓铣又称为等高轮廓铣，是一种固定的轴铣削操作，通过多个切削层来加工零件表面轮廓。在等高轮廓铣操作中，除了可以指定部件几何体外，还可以指定切削区域作为部件几何体的子集，方便限制切削区域。如果没有指定切削区域，则对整个零件进行切削。在创建等高轮廓铣中，系统自动追踪零件几何，检查几何的陡峭区域，定制追踪形状，识别可加工的切削区域，并在所有的切削层上生成不过切的刀具路径。等高轮廓铣的一个重要功能就是能够指定"陡角"，以区分与非陡峭区域，因此可以分为一般等高轮廓铣和陡峭区域等高轮廓铣。

（1）创建工序。单击"加工创建"工具条上的"创建工序"![icon]命令，设置上面的各项参数如下（见图 9-21）。

类型：mill_contour。

子类型：深度加工轮廓铣（第一行第五个图标![icon]）。

程序：NC_PROGRAM。

使用几何体：WORKPIECE（已设置的工件几何体）。

使用刀具：D6R1。

使用方法：MILL_FINISH（精铣）。

名称：ZLEVEL_PROFILE。

设置后，单击"应用"，弹出"深度加工轮廓"对话框，如图 9-22 所示。

（2）刀轨设置。如图 9-22 所示，将刀轨设置部分参数说明如下。

陡峭空间范围：这是等高轮廓铣区别于其他型腔铣的一个重要参数。如果在其右边的下拉菜单选择"仅陡峭的"选项，就可以在被激活的"角度"文本框中输入角度值，这个角度称为陡峭角。零件上任意一点的陡峭角是与该点处法向矢量所形成的夹角。选择"仅陡峭的"选项后，只有陡峭角度大于或等于给定的角度的区域才能被加工。本次加工中选择"无"。

合并距离：用于定义在不连贯的切削运动切除时，在刀具路径中出现的缝隙的距离。本次加工输入 2。

图 9-21　"创建工序"对话框

图 9-22　"深度加工轮廓"对话框

最小切削长度:该文本框用于定义生成刀具路径时的最小长度值。当切削运动的距离比指定的最小切削长度值小时,系统不会在该处创建刀具路径。本次加工输入 0.1。

每刀的公共深度:用于设置加工区域内每次切削的深度。系统将计算等于且不超出指定的每刀的公共深度值的实际切削层,本次选择"恒定"。

最大距离:设置为 0.2。

(3) 指定切削区域。单击"指定切削区域"图标 🖱️,系统弹出"切削区域"对话框,选择型腔内部侧面和圆台侧面,如图 9-23 所示。

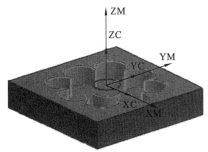

图 9-23　切削区域

(4) 设置切削层。切削层的设置十分重要,它关系到切削质量和切削效率,可根据工件曲面的大小和曲度来设定若干个范围深度,并针对每个范围设定具体的深度和每一刀的局部深度。总体来说,平缓的曲面局部进刀深度应小一些,反之,可大一些;在实际应用中,可反复试验几次以确定比较合适的切削参数。

单击"切削层"图标 📑,弹出"切削层"对话框,按如图 9-24 所示进行设置。

"切削层"对话框中一些选项的说明如下。

范围类型下拉列表中提供了如下三种选项。

◆ 自动：系统将通过与零件有关联的平面自动生成多个切削深度区间。

◆ 用户定义：用户可以通过定义每个区间的底面生成切削层。

◆ 单个：用户可以通过零件几何和毛坯几何定义切削深度。

单个下拉列表中提供了如下三种选项。

◆ 恒定：将切削深度恒定保持在每刀的公共深度的设置值。

◆ 最优化：优化切削深度，以便在部件间距和残余高度方面更加一致。最优化在斜度从陡峭或几乎竖起变为表面或平面时创建其他切削，最大切削深度不超过全局每刀深度值，仅用于深度加工操作。

◆ 仅在范围底部：仅在范围底部切削不细分切削范围，选择此选项将使全局每刀深度选项处于非活动状态。

（5）设置切削参数。单击"深度加工轮廓"对话框中"切削参数"图标，系统弹出"切削参数"对话框，将"策略"选项卡中"切削方向"和"切削顺序"分别设置为"顺铣"、"深度优先"；在"连接"选项卡中设置参数如图9-25所示。

图 9-24　设置切削层参数

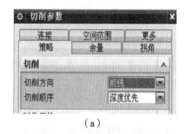

（a）

（b）

图 9-25　设置切削参数

（6）设置非切削移动参数。在"深度加工轮廓"对话框中单击"非切削移动"图标，系统弹出"非切削移动"对话框，在"进刀"选项卡下，"封闭区域"中的"进刀类型"下拉菜单中选择"螺旋"，"开放区域"中的"进刀类型"的下拉菜单中选择"线性"，其余参数采用系统默认值，如图 9-26 所示。

在"退刀"选项卡下，"退刀类型"的下拉菜单选择"与进刀相同"，其余参数采用系统默认值，如图 9-27 所示。

（7）设置进给率和速度。在"深度加工轮廓"对话框中，单击"进给率和速度"图标，设置主轴速度为 1000 rpm，进给率切削为 200 mmpm。

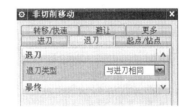

图 9-26　"进刀"参数设置　　　　　图 9-27　"退刀"参数设置

（8）生成刀路轨迹并仿真。单击"深度加工轮廓"对话框的"生成"按钮，生成刀路轨迹如图 9-28 所示。单击"深度加工轮廓"对话框的"确认"按钮，系统弹出"刀轨可视化"对话框。在"刀轨可视化"对话框中单击"2D 动态"选项卡，采用系统默认参数设置，调整动画速度后单击"播放"按钮，即可观察到 2D 动态仿真加工，加工后结果如图 9-29 所示。分别在"刀轨可视化"对话框和"深度加工轮廓"对话框中单击"确定"按钮，完成深度加工轮廓加工。

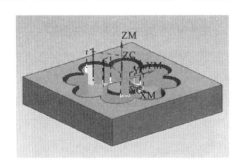

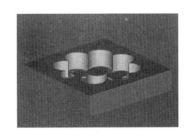

图 9-28　刀路轨迹　　　　　图 9-29　2D 仿真结果

3）精铣型腔底座平面

选用 D6 铣刀，用"精加工底面"方式进行精加工，使底面达到加工要求，设置 s＝1000，v_c＝200。

（1）创建工序。单击"加工创建"工具条上的"创建工序"命令，设置各项参数如下（见图 9-30）。

类型：mill_planar。

工序子类型：精加工底面（第二行第三个图标）。

程序：NC_PROGRAM。

刀具：D6。

几何体：WORKPIECE(已设置的工件几何体)。

方法：MILL_FINISH(精铣)。

名称：FINISH_FLOOR。

设置后，单击"应用"按钮，进入"精加工底面"对话框。如图 9-31 所示。

图 9-30 "创建工序"对话框

图 9-31 "精加工底面"对话框

(2) 指定切削区域。首先设置部件边界范围，在"几何体"组框中，单击"指定部件边界"图标 ，弹出"边界几何体"对话框，单击"模式"后面的下拉菜单，选择"曲线/边"，如图 9-32 所示，弹出"创建边界"对话框，如图 9-33 所示。单击"成链"，选择花形边，材料侧为"外部"。然后单击"创建下一个边界"，选择圆台边，材料侧为"内部"。显示的切削区域如图 9-34 所示。连续 3 次单击"确定"按钮返回到"精加工底面"对话框。

单击"指定底面"图标 ，选择花型凹槽底面，如图 9-35 所示。

图 9-32 "边界几何体"对话框

图 9-33 "创建边界"对话框

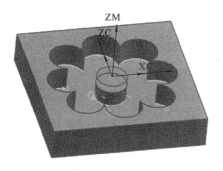

图 9-34　精加工底面切削区域选择

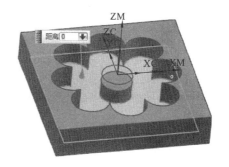

图 9-35　精加工底面选择

（3）刀轨设置。在"精加工底面"对话框中，设置刀轨参数如图 9-36 所示。

（4）设置切削层。单击"切削层"图标 ，弹出"切削层"对话框，如图 9-37 所示，"类型"设为"仅底面"，单击"确定"按钮。

图 9-36　刀轨参数设置

图 9-37　切削层设置

（5）设置切削参数。单击"精加工底面"对话框中"切削参数"图标 ，弹出"切削参数"对话框，在"策略"选项卡中，将"切削方向"设置为"顺铣"、"切削顺序"设置为"层优先"；在"连接"选项卡中设置"区域排序"为"优化"、"开放刀路"设置为"保持切削方向"，如图 9-38 所示。

图 9-38　切削参数设置

（6）设置非切削移动参数。在"精加工底面"对话框中单击"非切削移动"图标 ，弹出"非切削移动"对话框，"进刀"选项卡设置保持系统默认设置。

（7）设置进给率和速度。在"精加工底面"对话框中，单击"进给率和速度"图标 ，在弹出的"进给率和速度"对话框中设置主轴速度为 1000 rpm，进给率切削为 200 mmpm。

(8) 生成刀路轨迹并仿真。生成刀路轨迹如图 9-39 所示,加工后结果如图 9-40 所示。

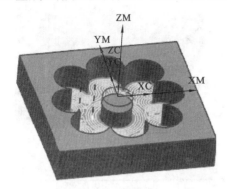

图 9-39　刀路轨迹

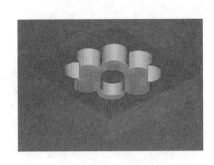

图 9-40　2D 仿真结果

图 9-41　"创建工序"对话框

4) 精铣圆台上表面

选用 D6 铣刀,用"精加工底面"方式进行精加工,使圆台面达到加工要求,设置 s＝1000,v_c＝200。

(1) 创建工序。单击"加工创建"工具条上的"创建工序" 命令,设置各项参数如下(见图 9-41)。

类型:mill_planar。

工序子类型:精加工底面(第二行第三个图标）。

程序:NC_PROGRAM。

刀具:D6。

几何体:WORKPIECE(已设置的工件几何体)。

方法:MILL_FINISH(精铣)。

名称:FINISH_FLOOR_2。

设置后,单击"应用",进入"精加工底面"对话框。

(2) 指定切削区域。在"几何体"组框中,单击"指定部件边界"图标,弹出"边界几何体"对话框,在"模式"的下拉菜单中选择"面",选择圆台上表面,"材料侧"为"外部",区域如图 9-42 所示。单击"指定底面"图标,选择圆台表面,如图 9-43 所示。

(3) 刀轨设置　同"精铣型腔底座平面"。

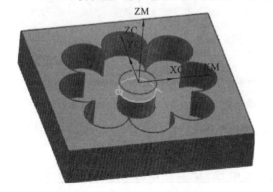

图 9-42　精加工底面切削区域选择

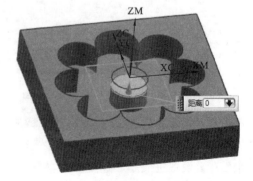

图 9-43　精加工底面选择

（4）设置切削层 同"精铣型腔底座平面"。

（5）设置切削参数 同"精铣型腔底座平面"。

（6）设置非切削移动参数 同"精铣型腔底座平面"。

（7）设置进给率和速度 在"精加工底面"对话框中，单击"进给率和速度"图标，在弹出的"进给率和速度"对话框中设置主轴速度为 1000 rpm，进给率切削为 200 mmpm。

（8）生成刀路轨迹并仿真 生成刀路轨迹如图 9-44 所示，加工仿真结果如图 9-45 所示。

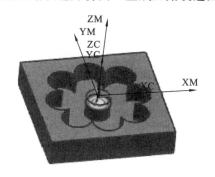

图 9-44 刀路轨迹

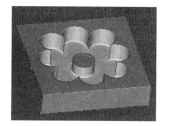

图 9-45 2D 仿真结果

8. 生成 CNC 程序

将工序导航器切换到"程序顺序"视图，若顺序不正确，可用鼠标拖拉调整。用鼠标将 4 个工步的刀具轨迹全部选中，然后单击"加工操作"工具条上的"后处理"命令 图标，在弹出的"后处理"对话框中，选中"MILL_3_AXIS"（即 3 轴立式铣床），命名文件名，"单位"设置为"公制/部件"，如图 9-46 所示。单击"应用"按钮，生成"9-1（FINISHED）.ptp"文件，即生成了 4 个工步的数控加工程序，如图 9-47 所示。需要说明的是，在实际生产中要根据具体机床的数控系统设定，对程序中的个别命令或语句要进行修改，才能输入到数控铣床中使用。

图 9-46 后处理图形

图 9-47 生成的数控加工程序

9.1.3 本项目操作技巧总结

通过花型凹模的加工的设计，可以概括出以下几项知识和操作要点。

（1）对加工件首先要进行工艺分析，考虑如何选用刀具、切削方法、装夹方式等。

（2）对用型腔铣方式加工的工件，最好将工件坐标系的原点设在工件曲面的最高点上，以便于控制切削过程。

（3）工件几何体的创建也与平面铣的构建方法相同，加工坐标系可保持默认状态；在创建加工操作中，如果不是只加工某个局部曲面，就不必选择加工边界，也不需要选择加工底面。

（4）型腔铣主要用于带有曲面工件的加工，因此在设置刀具时一般要选用鼓形铣刀进行加工，而需要对根部清根加工时则仍选用端铣刀来加工。

（5）型腔铣与平面铣的加工特点是一致的，都是分层切削，属于 2.5 轴联动加工；不同的是，平面铣只适用于直壁型工件，而型腔铣可适用于曲面和直壁型工件；型腔铣中的等高轮廓铣加工比较特殊，它只对工件表面的最外层切削，适用于精加工或半精加工。

（6）每一工步的创建操作完成后，要生成刀具轨迹，要反复观察切削过程的有效性和可靠性，全部加工创建操作设计好后，可将所有工步选中一次性地生成数控加工程序。

9.1.4　上机实践 20——三星轮盘的加工

完成图 9-48 所示的三星轮盘的加工。

图 9-48　三星轮盘

操作步骤：

（1）完成三星轮盘的粗加工，使用型腔铣，底面和侧面均留 1 mm 余量。

（2）完成三星轮盘的侧表面精加工，使用等高轮廓铣。

（3）完成三星轮盘的底面精加工，使用精铣底面。

9.1.5　上机实践 21——上盖的加工

完成图 9-49 所示的上盖的加工。

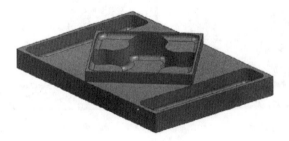

图 9-49　上盖的加工

操作步骤：

（1）完成上盖的粗加工，使用型腔铣，底面和侧面均留 1 mm 余量。

（2）完成上盖的侧表面精加工，使用等高轮廓铣。

（3）完成底平面的精加工，使用精铣底面。

单 元 小 结

　　型腔铣(标准型腔铣)通常用于粗加工切去大部分材料,几乎适用于加工任意形状的几何体,也可用于斜度不大的侧壁的精加工。等高轮廓铣是一种固定的轴铣削操作过程,主要用于半精加工和精加工,可指定切削区域进行局部加工,也可以不指定切削区域对整个工件进行切削。

思考与习题

　　1. 型腔铣有什么主要特点?
　　2. 等高轮廓铣有什么主要特点?
　　3. 完成图 9-50 所示底座的加工。利用型腔铣完成工件粗加工,等高轮廓铣完成侧表面的加工,精铣底面完成底平面的精加工。

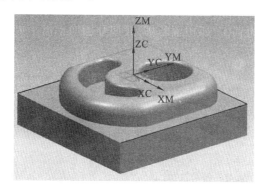

图 9-50　底座的加工

第 10 单元　固定轴轮廓铣加工

固定轴轮廓铣是 UG NX 8.5 中用于曲面精加工和半精加工的主要方式。本单元通过项目介绍 UG NX 8.5 固定轴曲面轮廓铣加工技术进行介绍,主要包括:固定轴曲面轮廓铣的基本概念,创建固定轴曲面轮廓铣的基本步骤,固定轴曲面轮廓铣的常用驱动方式,固定轴曲面轮廓铣步进、切削参数及非切削参数的设置等,并借助实例讲解了挖槽加工、等高加工等操作的一般步骤。

本单元学习目标

(1) 了解三维曲面加工操作命令。

(2) 熟练掌握挖槽加工命令(CAVITY_MILL)。

(3) 熟练掌握等高加工命令(ZLEVEL_PROFILE)。

(4) 掌握固定轴轮廓铣加工命令(FIXED_CONTOUR)的多种驱动方法和走刀方式。

项目 10-1　梅花凸板的加工

10.1.1　学习任务和知识要点

完成如图 10-1 所示梅花凸板数控加工编程。

10.1.2　梅花凸板数控加工的操作步骤

1. 工件分析

如图 10-1 所示是一个梅花凸板零件,材质为铝,毛坯采用 $100 \times 100 \times 30$ 的立方块铝料。毛坯料上下两个表面平整但不光滑,毛坯料有两个相对侧面不光滑但较平整,另外两个垂直面(侧面)较不平整。

图 10-1　梅花凸板

2. 数控加工工艺方案

不光滑但较平整的两个相对侧面安装在平口钳上,加工坐标系原点确定为零件上表面的中心点,加工坐标系的 X 向与零件长度方向一致。具体的加工工艺方案如下所述。

◆ CAVITY 粗加工:Φ12 的立铣刀,型腔分层铣削,每层铣削 1,加工余量为 0.3。

◆ 精加工侧壁:Φ12 的立铣刀,等高外形铣,加工余量为 0。

- ◆ 底面精加工：Φ6 的立铣刀，平面铣，加工余量为 0。
- ◆ 半精加工曲面：Φ6 的球刀，固定轴曲面轮廓铣，加工余量为 0.15。
- ◆ 精加工外壳曲面：Φ6 的球刀，固定轴曲面轮廓铣，加工余量为 0。

零件的数控加工路线、切削刀具（高速钢）和切削工艺参数见表 10-1。

表 10-1　加工工艺方案

序号	加工方法	刀具类型	刀具直径 /mm	余量/mm	主轴转速 /(r/min)	进给速度 /(mm/min)
1	CAVITY 粗加工	平刀	12	0.3	2 300	800
2	精加工侧壁	平刀	12	0	2 500	1 000
3	底面精加工	平刀	6	0	3 000	1 000
4	半精加工曲面	球刀	6	0.15	3 000	900
5	精加工外壳曲面	球刀	6	0	3 500	1 000

3．创建加工模型

单击标准工具条中的"打开"按钮，打开梅花凸模实体模型文件。

4．进入加工环境

在下拉菜单条中，执行"开始"→"加工"，打开"加工环境"对话框，如图 10-2 所示。选择"要创建的 CAM 设置"中的"mill_contour"，然后单击"确定"按钮，进入到加工界面。

5．创建程序组

（1）单击"创建程序"图标，弹出"创建程序"对话框，设置"类型"为"mill_contour"，"程序"为"NC_PROGRAM"，"名称"为"1"。依次单击"应用"和"确定"按钮，完成名称为 1 的程序创建，如图 10-3 所示。

图 10-2　"加工环境"对话框

图 10-3　"创建程序"对话框

（2）按照上述操作方法，依次创建名称为 2、3、4、5 的程序。

6．创建刀具

（1）单击工具条上"创建刀具"图标，在出现的"创建刀具"对话框上，如图 10-4 所示。

选择"类型"为"mill_contour"（型腔铣）；"刀具子类型"为第一行第一个图标，"名称"设为"D12"，单击"应用"按钮，进入"铣刀-5 参数"对话框，具体参数设置如图 10-5 所示，完成直径为 12 的平铣刀的创建。

（2）用同样的方法创建直径为 6 的平铣刀，对应的刀具名称分别为 D6。参数设置如图 10-6 所示。

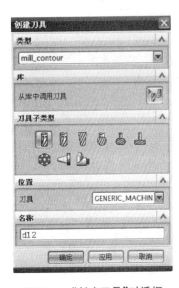

图 10-4　"创建刀具"对话框

图 10-5　1号刀具参数设置1　　图 10-6　2号刀具参数设置2

（3）用同样的方法创建直径为 6 的球铣刀，"刀具子类型"为第一行第三个图标（球铣刀），如图 10-7 所示，对应的刀具名称分别为 D6R3。参数设置如图 10-8 所示。

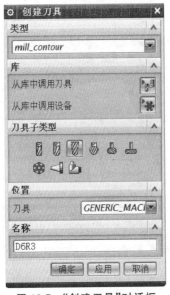

图 10-7　"创建刀具"对话框

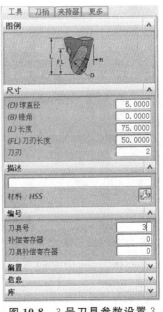

图 10-8　3号刀具参数设置3

7. 创建几何体

（1）在下拉菜单条中，执行"开始"→"所有应用模块"→"注塑模向导"，单击"注塑模工具"图标，如图 10-9 所示。在弹出的"注塑模工具"工具条中单击"创建方块"图标，如图 10-10 所示。

图 10-9　"注塑模向导"工具条

图 10-10　"注塑模工具"工具条

（2）用鼠标依次选取图 10-1 所示梅花凸板零件的上表面和下表面，并将"创建方块"对话框中的默认间隙更改为 0，如图 10-11 所示。单击"确定"按钮，包容梅花凸板零件的立方块创建完成，如图 10-12 所示。

图 10-11　"创建方块"对话框

图 10-12　几何体创建效果

（3）关闭"注塑模工具"工具条，在下拉菜单条中，执行"开始"→"所有应用模块"→"注塑模向导"，关闭"注塑模向导"工具栏。

（4）单击"创建几何体"图标 ，弹出"创建几何体"对话框，单击几何体子类型下的"MCS"图标，几何体设置为 GEOMETRY，名称设置为 MCS，如图 10-13 所示，单击"应用"按钮。

（5）在弹出的"MCS"对话框中，选择指定 MCS 下拉框中的"自动判断"，如图 10-14 所示，

图 10-13　"创建几何体"对话框

图 10-14　"MCS"对话框

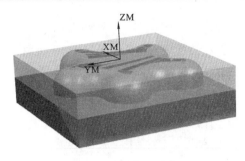

图 10-15　创建加工坐标系

用鼠标选取立方块的上表面。依次单击"确定"和"取消"按钮,名称为 MCS 的加工坐标系创建完成,如图 10-15 所示。

8．创建操作

1) 型腔粗加工

(1) 单击"创建工序"图标,在弹出的"创建工序"对话框中设置类型为"mill_contour",子类型为"型腔铣"，程序为"1",刀具为"D12",几何体为"MCS",方法为"MILL_ROUGH",如图 10-16 所示。

(2) 单击"应用"按钮,弹出"型腔铣"对话框。单击"指定毛坯"图标，弹出"毛坯几何体"对话框,选取半透明立方块,单击"确定"按钮,返回到"型腔铣"对话框。

(3) 按键盘上的"Ctrl ＋ B",弹出"类选择"对话框,选取半透明立方块,单击"确定"按钮,半透明立方块被隐藏。

(4) 在"型腔铣"对话框中单击"指定部件"图标，弹出"部件几何体"对话框,用鼠标单击梅花凸板零件实体,单击"确定"按钮。

(5) 在"型腔铣"对话框中设置"切削模式"为跟随周边,"平面直径百分比"为 50,全局每刀深度为 1.2,如图 10-17 所示。

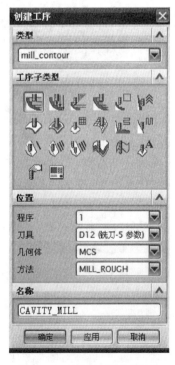

图 10-16　"创建工序"对话框

图 10-17　刀轨参数设置

(6) 单击"切削参数"图标，弹出"切削参数"对话框,在"策略"选项卡中将"切削方向"设置为"顺铣"、"切削顺序"为"深度优先"、"刀路方向"为"向内",勾选"添加精加工刀路"复选框,并将"刀路数"设置为"1"、"精加工步距"为 0.5 mm,具体如图 10-18 所示。在"余量"页中勾选"使用底面余量与侧壁余量一致"复选框,设置"部件侧面余量"为"0.3",其余余量设置为"0",具体如图 10-19 所示,单击"确定"按钮,返回"型腔铣"对话框。

图 10-18　"策略"选项卡设置　　　　　图 10-19　"余量"选项卡设置

(7) 单击"非切削移动"图标，在弹出的"非切削移动"对话框中设置"封闭区域"中"进刀类型"为"螺旋","直径"为 50%刀具,"斜坡角"为 5,"最小斜面长度"为 50%刀具;设置"开放区域"中"进刀类型"为"线性",其余采用默认值,单击"确定"按钮,具体如图 10-20 所示。

(8) 单击"进给率和速度"图标，弹出"进给率和速度"对话框。设置"主轴速度"为 2300,设置"切削"为 800,单击"确定"按钮,如图 10-21 所示。单击"生成"图标，刀具轨迹生成,具体如图 10-22 所示。

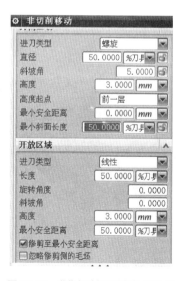
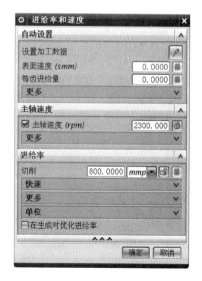

图 10-20　"非切削移动"参数设置　　　　图 10-21　"进给率和速度"参数设置

2)　侧壁精加工

(1) 单击"创建工序"图标，在弹出的"创建工序"对话框中设置"类型"为"mill_planar",工序子类型为"平面铣"，"程序"为"2","刀具"为 D12,"几何体"为"MCS","方法"为"MILL

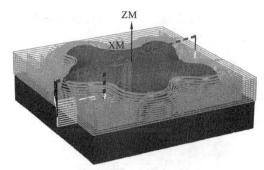

图 10-22　生成的刀轨

_FINISH",具体如图 10-23 所示。

（2）单击"确定"按钮,弹出"平面铣"对话框。单击"指定部件边界"图标,弹出"边界几何体"对话框,将模式由"面"更改为"曲线/边",弹出"创建边界"对话框,用鼠标选取图10-24 所示凸模下表面的边界线,将材料侧设置为"内部",平面设置为"用户定义",弹出"平面"对话框,选择下表面为对象,文本框的数值设置为 4,具体如图 10-25 所示,连续 3 次单击

"确定"按钮,返回到"平面铣"对话框。

图 10-23　"创建工序"对话框

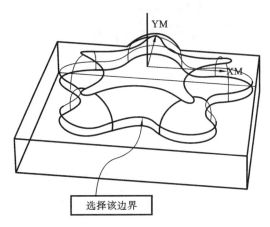

图 10-24　选取边界曲线

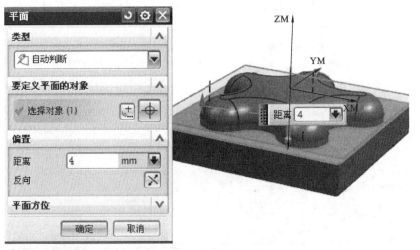

图 10-25　指定部件边界

（3）单击"指定底面"图标,弹出"平面"对话框,选取凸模实体的下表面,单击"确定"按钮。

（4）在"切削模式"中,选择"标准驱动"。

（5）在"切削层"对话框中,切削深度设置为"每刀深度",数值为"2"。

（6）在"切削参数"的"策略"页中设置对话框中，取消"自相交"，如图 10-26 所示。将部件余量设置为 0。

（7）单击"非切削移动"图标，弹出"非切削移动"对话框。在"进刀"页中设置开放区域进刀类型为圆弧，其余参数采用默认值，单击"确定"按钮。

（8）单击"进给和速度"图标，弹出"进给和速度"对话框。设置主轴速度为 2500 和切削数值为 2500，单击"确定"按钮。单击"生成"图标，生成刀具轨迹，如图 10-27 所示。最后单击"确定"按钮。

图 10-26　设置切削参数

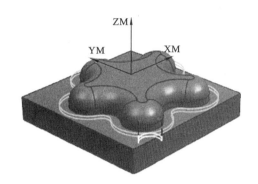

图 10-27　生成刀轨

3）精加工两个平面

（1）单击"创建工序"图标，在弹出的"创建工序"对话框中设置类型为"mill_planar"，子类型为"使用边界面铣削"，"程序"为"3"，"刀具"为"D12（铣刀-5 参数）"，几何体为"MCS"，方法为"MILL_FINISH"，如图 10-28 所示。

（2）单击"应用"按钮，弹出"面铣"对话框。单击"指定部件"图标，鼠标选取零件实体，单击"确定"按钮，返回到"面铣"对话框。单击"指定面边界"图标，弹出"指定面几何体"对话框，用鼠标选取图 10-29 所示的两个底面，单击"确定"按钮。

（3）在"面铣"对话框中将"切削模式"设置为往复，"平面直径百分比"为 75，"毛坯距离"为 3，"每刀深度"为 0，"最终底面余量"为 0，具体如图 10-30 所示。

图 10-28　"创建工序"对话框

（4）单击"切削参数"图标，弹出"切削参数"对话框。在"策略"页中设置切削方向为顺铣，勾选"添加精加工刀路"复选框，设置"刀路数"为 1，"精加工步距"为 0.5 mm，"刀具延展"设置为 55％刀具，如图 10-31 所示。在"余量"页中设置"部件余量"为 0.3，其余参数采用默认值，单击"确定"按钮。

（5）单击"非切削移动"图标，在弹出的"非切削移动"对话框中设置"封闭区域"的"进刀类型"为"螺旋"，"直径"为 50％刀具，"斜坡角"为 5，"高度"为 1，最小斜面长度为 70％刀具；设置"开放区域"的"进刀类型"为"圆弧"，其余采用默认值，如图 10-32 所示，单击"确定"按钮。

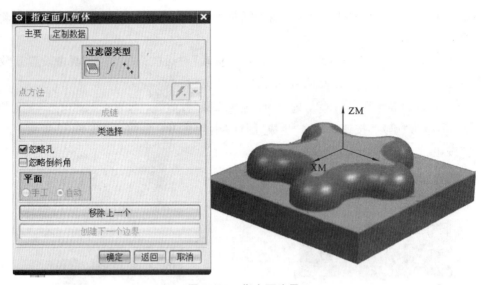

图 10-29　指定面边界

图 10-30　"刀轨参数"设置

图 10-31　"切削参数"设置

（6）单击"进给和速度"图标 ，弹出"进给和速度"对话框。设置主轴速度为 3000，切削数值 1000，单击"确定"按钮。

（7）单击"生成"图标 ，刀具轨迹生成，生成的轨迹如图 10-33 所示。最后单击"确定"按钮。

4）固定轴轮廓铣半精加工曲面

（1）单击"创建工序"图标 ，在弹出的"创建工序"对话框中设置"类型"为"mill_contour"，子类型为"固定轮廓铣" ，程序为"4"，"刀具"为"D6R3"，"几何体"为"MCS"，"方法"为"MILL_SEMI_FINISH"，具体如图 10-34 所示。

图 10-32　"非切削移动"参数设置

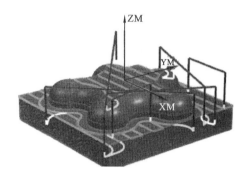

图 10-33　生成刀轨

图 10-34　"创建工序"对话框

图 10-35　"部件几何体"对话框

（2）单击"应用"按钮,弹出"固定轮廓铣"对话框。单击"指定部件"图标，弹出"部件几何体"对话框,如图 10-35 所示,单击梅花凸板零件实体,单击"确定"按钮。

（3）单击"指定切削区域"图标，弹出"切削区域"对话框,用鼠标选取图 10-36 所示的梅花凸板零件曲面(不包括侧壁),单击"确定"按钮。

（4）在"固定轮廓铣"对话框中,将"驱动方法"选项下的"方法"选择为"区域铣削",如图 10-37所示,单击旁边的"编辑"图标，弹出"区域铣削驱动方法"对话框,将"切削模式"设置为往复,"切削方向"为顺铣,"步距"为恒定,"最大距离"为 0.5,"步距已应用"选择"在平面上"选项,"切削角"为"指定","与 XC 的夹角"为 45°,如图 3-38 所示,单击"确定"按钮。

图 10-36　指定切削区域

图 10-37　选择驱动方法

　　(5) 单击"切削参数"图标,在"切削参数"对话框"余量"页中设置部件余量为 0.15,其余参数采用默认设置,单击"确定"按钮,返回"固定轮廓铣"对话框。

　　(6) 单击"非切削移动"图标,弹出"非切削移动"对话框。在"进刀"选项卡中设置"开放区域"的"进刀类型"为"圆弧-垂直于刀轴",其余参数采用默认值,如图 10-39 所示,单击"确定"按钮,返回"固定轮廓铣"对话框。

图 10-38　"区域铣削驱动方法"对话框

图 10-39　"非切削移动"对话框

　　(7) 单击"进给和速度"图标,弹出"进给和速度"对话框。设置主轴速度为 3000 和切削速度为 900,单击"确定"按钮。

　　(8) 单击"生成"图标,生成刀具轨迹如图 10-40 所示。最后单击"确定"按钮。

　　5) 固定轴轮廓铣精加工曲面

　　(1) 在"工序导航器"的空白区域内单击右键,将"工序导航器"转换为程序顺序视图,单击程序 4 下的 FIXED_CONTOUR 操作,单击鼠标右键,在弹出的快捷菜单中,单击"复制",如图 10-41 所示。

　　(2) 单击程序 5,单击鼠标右键,弹出右键菜单,单击"内部粘贴",如图 10-42 所示。

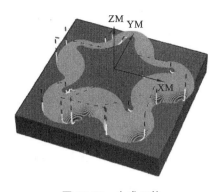

图 10-40　生成刀轨

图 10-41　"复制"操作

（3）鼠标双击程序 5 下的 FIXED_CONTOUR_COPY 操作，弹出"固定轮廓铣"对话框。在"固定轮廓铣"对话框中，单击"驱动方法"项下的"编辑"图标，弹出"区域铣削驱动方法"对话框，将"切削模式"设置为"跟随周边"，将"刀路方向"设置为"向内"，"切削方向"为"顺铣"，将"步距"设置为"恒定"，"最大距离"为 0.2 mm，"步距已应用"设置为"在平面上"，如图 10-43 所示，单击"确定"按钮。

图 10-42　"内部粘贴"操作

图 10-43　"区域铣削驱动方法"对话框

（4）单击"刀轨设置"对话框中"方法"项右侧的三角符号，将方法项展开，并将方法设置为"MILL _FINISH"，如图 10-44 所示。

（5）单击"切削参数"图标，在"切削参数"对话框"余量"页中将所有余量都设置为 0，所有公差都设置为 0.01，如图 10-45 所示，单击"确定"按钮。

（6）单击"进给和速度"图标，弹出"进给和速度"对话框。设置合适的精加工主轴速度 3500 和切削数值 1000，单击"确定"按钮。单击"生成"图标，生成刀具轨迹，如图 10-46 所示。

9．加工模拟

（1）按住"Ctrl"键不放，用鼠标依次单击程序下的 5 个操作，如图 10-47 所示，松开"Ctrl"键，单击鼠标右键，弹出右键菜单，并将鼠标移动到"刀轨"→"确认"。

图 10-44 "固定轮廓铣"对话框

图 10-45 设置切削参数

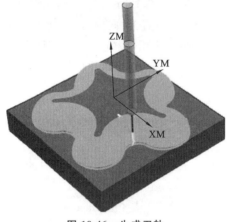

图 10-46 生成刀轨

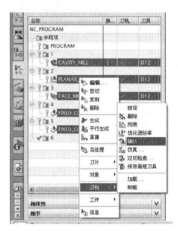

图 10-47 选择全部操作

（2）单击"确认"菜单，弹出"刀轨可视化"对话框，如图 10-48 所示，单击"2D 动态"，单击"播放"图标 ▶ ，仿真加工开始，最后得到如图 10-49 所示的仿真加工效果。

图 10-48 "刀轨可视化"对话框

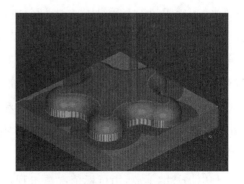

图 10-49 加工模拟效果

10．后处理

后处理生成加工程序须分别进行,进行的顺序分别为 1、2、3、4、5。采用不同的刀具必须分别进行后处理,以满足数控铣床的加工。当然如果是使用加工中心,则可以一次完成所有的后处理操作,生成一个加工操作。现以 CAVITY 粗加工为例说明生成 CNC 程序的过程。

用鼠标选中 CAVITY 粗加工的刀具轨迹,单击"后处理"命令 ,生成此操作的数控加工程序,如图 10-50 所示。

图 10-50　生成 CAVITY 粗加工的加工程序

10.1.3　本项目操作技巧总结

通过"梅花凸板"的加工操作设计,可以总结出以下项目操作技巧:

(1)固定轴轮廓铣只适用于曲面工件的精加工或半精加工。在使用这种切削方式之前,一般需要用平面铣、型腔铣等进行粗加工。

(2)在轮廓铣中,切削区域的设定十分重要,对所有连接的曲面都要选中,刀具轨迹就是根据确定的切削区域来生成的。

(3)除切削参数外,提醒注意的是不要忘记非切削参数也要认真地设定,它关系到刀具的运行顺序和安全的加工过程。

10.1.4　上机实践 22——鼠标外壳零件数控加工

1．实例介绍

图 10-51 是一个鼠标外壳模型,材质为铝合金,毛坯采用 90×60×30 的方块材料。

2．数控加工工艺分析

零件的数控加工路线、切削刀具(高速钢)和切削工艺参数见表 10-2。

图 10-51　鼠标模型

表 10-2　数控加工工艺

工序号	加工内容	刀具类型	刀具直径/mm	主轴转速/(r/min)	进给速度/(mm/min)
1	CAVITY 粗加工	平刀	12	2 300	800
2	精加工侧壁	平刀	12	2 300	800
3	半精加工顶部曲面	球刀	6	2 500	1 000
4	精加工顶部曲面	球刀	6	2 800	1 000

3．创建数控编程的准备操作

（1）创建程序组。

（2）创建刀具组。

（3）创建几何体。

4．创建数控编程的加工操作

1）型腔粗加工

设置加工类型为"mill_contour"，子类型为"CAVITY_MILL"，程序为"1"，刀具为"D12（铣刀-5 参数）"，几何体为"MCS"，方法为"MILL_ROUGH"。在"型腔铣"对话框中设置切削模式为跟随周边，平面直径百分比为 65，全局每刀深度为 1 mm。设置部件侧面余量为 0.3 mm，其余余量设置为 0，如图 10-52 所示，生成的刀轨如图 10-53 所示。

图 10-52　切削参数设置

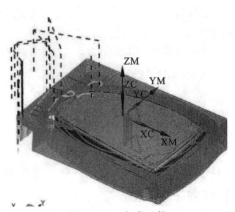

图 10-53　生成刀轨

2）精加工侧壁

设置加工类型为"mill_contour"，名称为"ZLEVEL_PROFILE"，程序为"2"，刀具为"D12（铣刀-5 参数）"，几何体为"MCS"，方法为"MILL_FINISH"，每刀的公共深度为"恒定"，最大距离为 0.2 mm。在"策略"选项卡中设置切削方向为"混合铣"，侧面余量为"0"，如图 10-54 所示，生成的刀轨如图 10-55 所示。

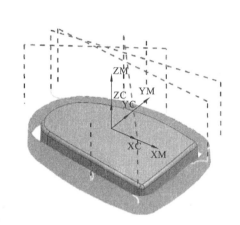

图 10-54 切削参数设置   图 10-55 生成刀轨

3）半精加工顶部曲面

设置加工类型为"mill_contour"，子类型为"CONTOUR_AREA"，程序为"3"，刀具为 D6R3，几何体为"MCS"，方法为"MILL_SEMI_FINISH"。将切削模式设置为"往复"，切削方向为"顺铣"，步距为"恒定"，最大距离为 0.5 mm，切削角为"用户定义"，与 XC 的夹角为 45°。在"余量"页中设置部件余量为"0.15"，如图 10-56 所示，生成的刀轨如图 10-57 所示。

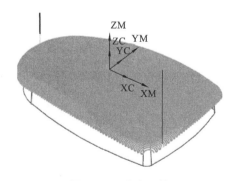

图 10-56 切削参数设置   图 10-57 生成刀轨

4）精加工顶部曲面

复制程序 3 下的 CONTOUR_AREA，内部粘贴于程序 4，刀具为 D6R3，将切削模式设置为"往复"，切削方向为"顺铣"，步距为"恒定"，最大距离为 0.2 mm，切削角为"用户定义"，与 XC 的夹角为"135"。在"余量"页中设置部件余量为 0,如图 10-58 所示,生成的刀轨如图 10-59 所示。

图 10-58　切削参数设置

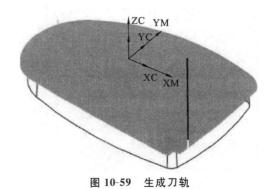

图 10-59　生成刀轨

5)加工模拟

完成后的图形如图 10-60 所示。

图 10-60　模拟加工后的模型

6)后处理

后处理生成加工程序须分别进行,进行的顺序为 1、2、3、4。采用不同的刀具必须分别进行后处理,以满足数控铣床的加工。当然如果是使用加工中心,则可以一次完成所有的后处理操作,生成一个加工操作。

10.1.5　上机实践 23——手机外壳曲面零件数控加工

1. 实例介绍

如图 10-61 所示的是一个手机外壳模型,材质为铝合金,毛坯采用 110×50×30 的方块材料。

图 10-61　手机外壳模型

2. 数控加工工艺分析

零件的数控加工路线、切削刀具(高速钢)和切削工艺参数见表 10-3。

表 10-3　数控加工工艺

工序号	加工内容	刀具类型	刀具直径/mm	主轴转速/(r/min)	进给速度/(mm/min)
1	CAVITY 粗加工	平刀	20	800	800
2	残料粗加工	平刀	6	3 000	1 200
3	凹槽底精加工	平刀	6	3 200	1 200
4	凹槽侧壁精加工	平刀	6	3 200	1 200
5	外形轮廓精加工	平刀	6	3 200	1 200
6	半精加工外壳曲面	球刀	6	2 600	950
7	精加工外壳曲面	球刀	6	3 200	1 000
8	清根	球刀	3	4 000	1 000
9	钻孔加工	钻头	5	1 000	80

3. 创建数控编程的准备操作

(1) 创建程序组。

(2) 创建刀具组。

(3) 创建几何体。

4. 创建数控编程的加工操作

1) 型腔粗加工

设置加工类型为"mill_contour",子类型为"CAVITY_MILL",程序为"1",刀具为 D20,几何体为"MCS",方法为"MILL_ROUGH"。在"型腔铣"对话框中设置切削模式为"跟随周边",平面直径百分比为 65,全局每刀深度为 2。设置部件侧面余量为 0.3,其余余量设置为 0,参见图 10-62 所示,生成的刀轨如图 10-63 所示。

图 10-62　切削参数设置

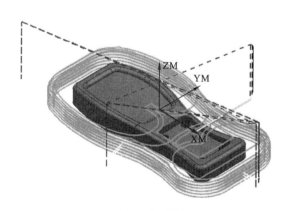

图 10-63　生成刀轨

2) 参考刀具残料加工

复制程序 1 内部粘贴至程序 2,将刀具更改为 D6。将全局每刀深度更改为 0.8,其余参数保持不变。在"空间范围"页中将参考刀具设置为 D20,参见图 10-64 所示,生成的刀轨如图 10-65 所示。

图 10-64　加工参数设置

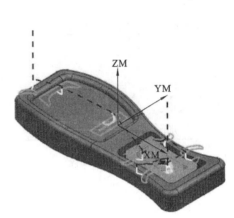

图 10-65　生成的刀轨

3) 凹槽底面精加工

设置加工类型为"mill_planar",子类型为"FACE_MILLING",程序为"3",刀具为 D6,几何体为"MCS",方法为"MILL_FINISH"。切削模式设置为"跟随周边",平面直径百分比为 75,毛坯距离为 3,每刀深度为 0,最终底部面余量为 0。在"余量"页中设置部件余量为"0.3",其余参数采用默认值,参见图 10-66,生成的刀轨如图 10-67 所示。

图 10-66　加工参数设置

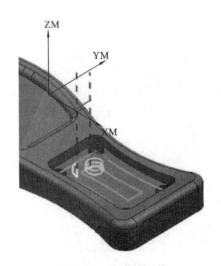

图 10-67　生成的刀轨

4) 凹槽侧壁精加工

设置加工类型为"mill_planar",子类型为"PLANAR_PROFILE",程序为"4",刀具为 D6,几何体为"MCS",方法为"MILL_FINISH"。部件余量设置为 0,切削深度为固定深度,最大值为 2,参见图 10-68,生成的刀轨如图 10-69 所示。

图 10-68　加工参数设置

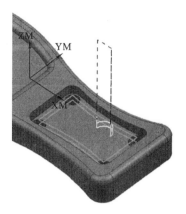

图 10-69　生成的刀轨

5）外形轮廓精加工

设置加工类型为"mill_planar",子类型为"PLANAR_PROFILE",程序为 5,刀具为 D6,几何体为"MCS",方法为"MILL_FINISH"。将部件余量设置为 0,切削深度为"固定深度",最大值为 3,参见图 10-70,生成的刀轨如图 10-71 所示。

图 10-70　加工参数设置

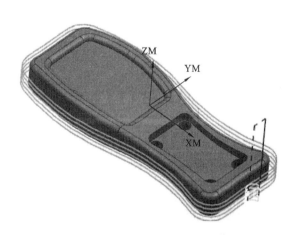

图 10-71　生成的刀轨

6）半精加工外壳曲面

设置加工类型为"mill_contour",子类型为"CONTOUR_AREA",程序为"6",刀具为 D6R3,几何体为"MCS",方法为"MILL_SEMI_FINISH"。将切削模式设置为"往复",切削方向为"顺铣",步距为"恒定",最大距离为 0.5 mm,切削角为"用户定义",与 XC 的夹角为 45°。在"余量"页中设置部件余量为 0.15,参见图 10-72,生成的刀轨如图 10-73 所示。

7）精加工外壳曲面

复制程序 6 下的 CONTOUR_AREA,内部粘贴于程序 7,刀具为 R3,将切削模式设置为"往复",切削方向为"顺铣",步距为"恒定",最大距离为 0.2 mm,切削角为"用户定义",与 XC 的

图 10-72　加工参数设置

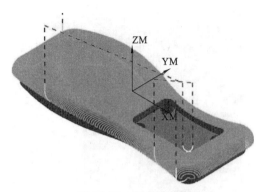

图 10-73　生成的刀轨

夹角为 135°。在"余量"页中设置部件余量为 0,参见图 10-74,生成的刀轨如图 10-75 所示。

图 10-74　加工参数设置

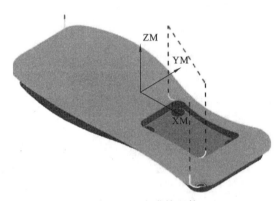

图 10-75　生成的刀轨

8) 清根——径向切削轮廓铣

设置加工类型为"mill_contour",子类型为"CONTOUR_AREA",程序为"8",刀具为 R1.5,几何体为"MCS",方法为"MILL_FINISH"。驱动方法为"径向切削"。将切削模式设置为"往复",切削方向为"顺铣",步距为"恒定",最大距离为 0.12 mm。材料侧的条带均为 2,参见图 10-76 所示,生成的刀轨如图 10-77 所示。

图 10-76　加工参数设置

图 10-77　生成的刀轨

9）钻孔加工

设置加工类型为"drill"，子类型为"PECK_DRILLING"，程序为"9"，刀具为 DR5，几何体为"MCS"，方法为"DRILL_METHOD"。采用"啄钻"，钻孔穿过底面，设置"最小安全距离"为"10"。生成的刀轨如图 10-78 所示。

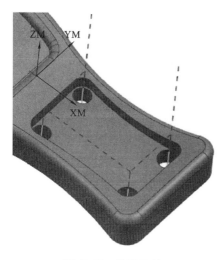

图 10-78　钻孔刀轨

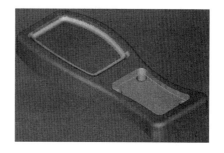

图 10-79　模拟加工后模型

5. 加工模拟

完成后的图形如图 10-79 所示。

6. 后处理

后处理生成加工程序须分别进行，进行的顺序为 1、2、3、4、5、6、7、8、9。采用不同的刀具必须分别进行后处理，以满足数控铣床的加工。当然如果是使用加工中心，则可以一次完成所有的后处理操作，生成一个加工操作。

单 元 小 结

固定轴轮廓铣操作用于曲面工件的半精加工和精加工。在加工过程中，刀具的刀轴保持固定不变，操作允许通过精确控制刀轴和投影矢量，使刀轨沿着非常复杂的曲面轮廓移动。创建一个基本的固定轴轮廓铣操作的步骤为：① 创建刀具；② 创建加工几何体；③ 创建工序；④ 指定切削区域；⑤ 指定驱动方法——区域铣削；⑥ 指定相应的切削参数；⑦ 设置进给率和速度；⑧ 生成刀轨。

思 考 与 习 题

1. 曲面铣有何特点，可应用在哪些方面？
2. 曲面铣常用的驱动方式有哪几种？
3. 曲面区域驱动的曲面铣，步距应用于平面与应用于部件有何区别？
4. 完成图 10-80 所示凸心模的数控加工编程设计。

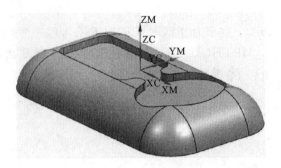

图 10-80   凸心模模型

第11单元 孔系加工

本单元通过项目介绍 UG NX 8.5 孔系加工的基本操作方法和操作技巧,主要内容包括钻孔加工基础与应用、钻孔加工工序的创建、钻孔循环类型的选择及钻孔循环参数设置等。

钻孔加工以点为加工对象,设置固定循环参数生成循环加工的程序。本章以下模座的孔系加工过程为例,重点讲解创建钻孔加工的操作步骤以及钻孔加工的循环参数设置。

本单元学习目标

(1) 了解钻孔加工工艺。

(2) 熟练掌握钻孔加工工序创建方法。

(3) 掌握钻孔循环类型的选择。

(4) 掌握钻孔循环参数的设置。

(5) 具备综合孔系加工的能力。

项目 11-1 下模座的孔系加工

11.1.1 学习任务和知识要点

1. 学习任务

完成如图 11-1 所示下模座的孔系加工。

2. 知识要点

(1) 钻孔数控加工工艺。

(2) 钻孔工序的创建及循环类型的选择。

(3) 钻孔加工工序参数设置。

(4) 钻孔加工几何体选择及钻孔点的指定和优化。

图 11-1 下模座模型

11.1.2 相关知识点

UG NX 的钻孔加工可以创建钻孔、攻螺纹、镗孔、平底扩孔和扩孔等操作的刀轨。钻孔加工的刀具运动由三个部分组成:刀具快速定位在加工位置上;切入零件;完成钻削后退回。

1. 创建钻孔工序

在"创建工序" 对话框的"类型"下拉列表中选择"类型"为钻孔加工(drill),并选择子类型为第一行第三个图标"钻" ,其余参数设置如图 11-2 所示。单击"确定"按钮,打开"钻"对话框,如图 11-3 所示。

图 11-2　创建钻孔工序

图 11-3　"钻"对话框

2．设置循环类型

在"钻"对话框中"循环类型"的"循环"选项框旁边的图标，选择循环类型，如图 11-4 所示。单击"设置"图标，指定每一个参数组的循环参数，如图 11-5 所示。循环类型如表 11-1 所示。

图 11-4　选择循环类型

图 11-5　设置循环参数

表 11-1　循环类型

选项	标准指令	选项	标准指令
无循环	无	标准断屑钻	G83
啄钻		标准攻螺纹	G84
断屑	用 G00、G01 不使用循环指令	标准镗	G85
标准文本		标准镗，快退	G86
标准钻	G81	标准镗，横向偏置后快退	G76
标准沉孔钻	G81	标准背镗	G87
标准钻，深度	G73	标准镗，手动退刀	G88

3．选择钻孔加工几何体

钻孔加工的几何体包括孔点与表面、底面，其中钻孔点是必选的。选择钻孔点时可以选择不同的循环参数组。

4．设置操作参数

在"创建工序"对话框中设置钻孔的相关操作参数,如安全距离、深度偏置选项,并设置避让、进给和速度等选项参数。

5．生成刀轨

参数设置完成后,进行刀轨的生成。检验确认后,单击"确定"关闭工序对话框。

11.1.3　下模座的孔加工操作步骤

1．工件分析

如图 11-1 所示下模座零件的 11 个孔加工,其中直径为 6 的通孔 6 个,直径为 8 的埋头孔4 个,直径为 10 的沉头孔 1 个。

2．数控加工工艺方案

数控加工工艺见表 11-2。

表 11-2　数控加工工艺

加工步骤	程序名称	加工方式	加工刀具	切削速度 （s r/min，v_c mm/min）
1	SPOT_DRILLING_D5	钻中心孔	Φ5 中心孔钻	s＝200　v_c＝40
2	DRILLING_D6	钻 Φ6 通孔	Φ6 麻花钻	s＝200　v_c＝50
3	DRILLING_D10	钻 Φ10 通孔	Φ10 麻花钻	s＝200　v_c＝60
4	COUNTERBORING_D20	锪 Φ20 沉头孔	Φ20 锪孔钻	s＝200　v_c＝60
5	DRILLING_D8	钻 Φ8 盲孔	Φ8 麻花钻	s＝200　v_c＝30
6	COUNTERSINKING_D10	钻 Φ10 埋头孔	Φ10 埋头钻	s＝200　v_c＝40

3．打开模型文件

启动 UG NX 8.5,打开 xiamozuo.prt,打开的零件模型如图 11-1 所示。

4．进入加工环境

在工具条上单击"启动"按钮 ,在下拉列表中选择"加工"模块,如图 11-6 所示,也可以使用快捷键 Ctrl＋Alt＋M,进入加工模块,系统弹出"加工环境"对话框,如图 11-7 所示,选择 drill 设置,单击"确定"按钮进行加工环境的初始化状态。

5．创建程序

创建钻孔程序组,单击"创建程序"按钮 ,弹出"创建程序"对话框,在"类型"的下拉菜单中选择"drill",在"位置"的下拉菜单中选择"NC_PROGRAM","名称"中输入要创建

图 11-6　选择加工模块

的程序名称,如图 11-8 所示,这里输入"DRILLPROGRAM",单击"确定"按钮创建钻孔程序组。

图 11-7　加工环境设置

图 11-8　创建钻孔程序组

6. 创建刀具

切换到"机床视图" ，单击"创建刀具"图标 ，弹出"创建刀具"对话框。

创建第一把加工刀具——中心钻 ，如图 11-9 所示。单击"应用"按钮,设置中心钻直径为 5,刀具号为 1,如图 11-10 所示。

图 11-9　中心钻的创建

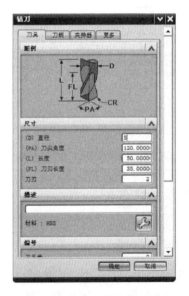

图 11-10　中心钻参数设置

创建第二把加工刀具——麻花钻 ，如图 11-11 所示。单击"应用",设置麻花钻直径为 6,刀具号为 2,如图 11-12 所示。

用同样的方法创建第三把加工刀具——麻花钻 ，设置麻花钻直径为 8,刀具号为 3。

用同样的方法创建第四把加工刀具——麻花钻 ，设置麻花钻直径为 10,刀具号为 4。

创建第五把加工刀具——锪孔钻 ，如图 11-13 所示。单击"应用",设置锪孔钻直径为 20,刀具号为 5,如图 11-14 所示。

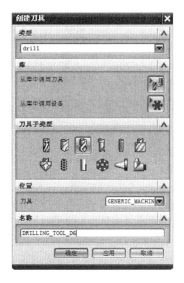

图 11-11 麻花钻的创建

图 11-12 麻花钻参数设置

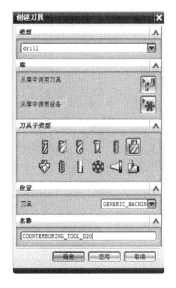

图 11-13 锪孔钻的创建

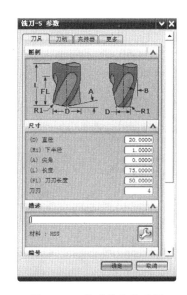

图 11-14 锪孔钻参数设置

创建第六把加工刀具——埋头孔钻，如图 11-15 所示。单击"应用"，设置埋头孔钻直径为 10，如图 11-16 所示。

7. 创建几何体

钻孔加工几何体的设置包括孔、加工表面和加工底面，其中孔是必须选择的，而加工表面和加工底面则是可选项。

切换到"几何视图"，双击"MCS_MILL"节点，弹出"MCS 铣削"对话框，单击"指定 MCS"，选择上表面，如图 11-17 所示。

在"安全设置选项"下拉菜单中选择"平面"选项，单击"指定平面"右边的"平面对话框"图标，弹出"平面"对话框，"类型"设置为"按某一距离"，单击"选择平面对象"，选择上表面，设置偏置"距离"为 16，如图 11-18 所示。单击两次"确定"按钮，完成平面设置。

图 11-15　埋头孔钻的创建

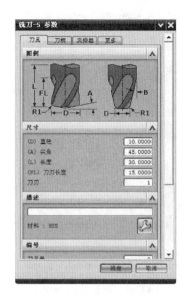

图 11-16　埋头孔钻参数设置

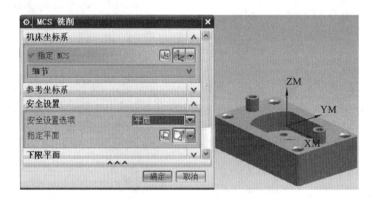

图 11-17　设置加工坐标系

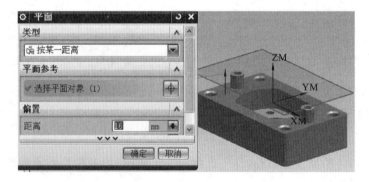

图 11-18　设置安全平面

　　双击"WORKPIECE"图标 WORKPIECE，弹出"工件"对话框，如图 11-19 所示，设置部件和毛坯。单击"指定部件"图标，弹出"部件几何体"对话框，选择整个模型实体，单击"确定"按钮完成部件几何体的设置；单击"指定毛坯"图标，弹出"毛坯几何体"对话框，在"类型"的下拉菜单中选择"几何体"，选择模型实体，单击"确定"按钮完成毛坯几何体的设置。

8. 创建工序。

1) 中心孔工序的创建

单击"创建工序"图标![图标]，系统打开"创建工序"对话框,设置钻中心孔工序参数如图 11-20 所示。单击"确定"按钮,弹出"定心钻"对话框,如图 11-21 所示。单击"指定孔"图标![图标],弹出 "点到点几何体"对话框,如图 11-22 所示。单击"选择"按钮,弹出"名称"对话框,如图 11-23 所示,单击"名称"对话框中的"面上所有孔",在模型上选择三个顶面,如图 11-24 所示,单击 "确定"按钮,返回到"点到点几何体"对话框。单击"点到点几何体"对话框中的"优化",弹出的 如图 11-25 所示对话框,选择"最短刀轨",弹出的如图 11-26 所示对话框,单击"优化"按钮, 弹出如图 11-27 所示对话框,单击"接受"按钮,返回到"点到点几何体"对话框。单击"点到点 几何体"对话框中的"确定"按钮,完成钻孔位置的选择,如图 11-28 所示。

图 11-19　几何体设置

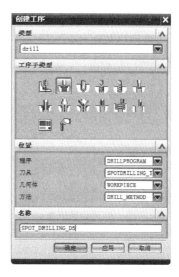

图 11-20　中心孔钻工序

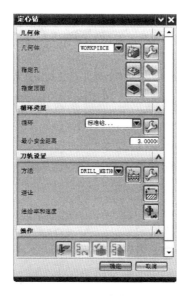

图 11-21　定心钻参数设置

图 11-22　"点到点几何体"对话框

图 11-23　钻孔位置选择

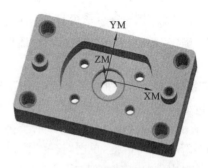

图 11-24　通过模型面选择钻孔位置

图 11-25　刀轨优化设置

图 11-26　刀轨优化参数设置

图 11-27　刀轨优化结果

图 11-28　刀轨优化结果模型显示

　　选择循环类型。在"定心钻"对话框的"循环类型"下单击"编辑参数"图标🔧，弹出"指定参数组"对话框，如图 11-29 所示，选择第一组，单击"确定"按钮，弹出"Cycle 参数"对话框，如图 11-30 所示；单击"Depth"按钮指定钻孔深度，弹出"Cycle 深度"对话框，如图 11-31 所示，选

图 11-29　指定循环参数组

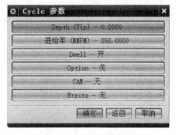

图 11-30　循环参数设置

择"刀尖深度",如图 11-32 所示,设置刀尖深度为 2。如图 11-32 所示,连续两次单击"确定"按钮,返回到"定心钻"对话框。

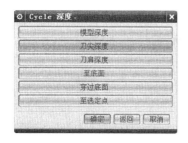

图 11-31　钻孔深度选择

图 11-32　设置钻孔深度

设置进给速度。单击"进给率和速度"图标🔧,设置进给速度和主轴转速如图 11-33 所示,单击"确定"按钮返回到"创建工序"对话框,单击"操作"选项下的"生成刀轨"按钮🔧,生成中心孔刀轨如图 11-34 所示。单击"确定"按钮,完成中心孔工序的创建。

图 11-33　进给和主轴转速设置

图 11-34　生成中心孔刀轨

2) 钻 6 个 Φ6 通孔工序的创建

单击"创建工序"图标🔧,系统打开"创建工序"对话框,设置钻直径为 Φ6 的 6 个通孔工序参数如图 11-35 所示。单击"确定"按钮,弹出"钻"对话框,单击"指定孔"图标🔧,弹出"点到点几何体"对话框(见图 11-22),单击该对话框中的"选择"按钮,依次在模型上选择 6 个孔的边线,如图 11-36 所示。单击"确定"按钮,返回到"点到点几何体"对话框,单击"优化"按钮,在随后弹出的对话框中选择"最短刀轨",单击"优化"按钮,在随后弹出的对话框中选择"接受"按钮,单击"确定"按钮完成钻孔位置的选择(可参考图 11-25、图 11-26、图 11-27 进行操作)。

选择循环类型。在"定心钻"对话框的"循环类型"下单击"编辑参数"图标🔧,弹出"指定参数组"对话框,选择第一组,单击"确定"按钮,弹出"Cycle 参数"对话框;单击"Cycle 参数"对话框中的"Depth"按钮指定钻孔深度,选择"模型深度",单击"确

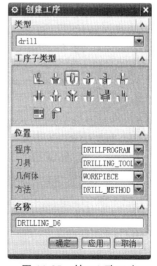

图 11-35　钻 Φ6 孔工序

定",返回"钻"对话框(可参考图 11-29、图 11-30、图 11-31 进行操作)。

设置进给速度。单击"进给率和速度"图标，设置进给速度和主轴转速如图 11-37 所示，单击"确定"按钮返回"创建工序"对话框，单击"生成刀轨"按钮，生成中线孔刀轨如图 11-38 所示。

图 11-36　钻孔位置选择　　图 11-37　进给和主轴转速设置　　图 11-38　生成 Φ6 钻孔刀轨

3）Φ10 通孔工序的创建

复制 DRILLING_D6 工序，右键单击 DRILLING_D6，在弹出快捷菜单中选择"复制"，右键单击 DRILLPROGRAM，选择"内部粘贴"。重命名为 DRILLING_D10，双击 DRILLING_D10，修改参数。在弹出的"钻"对话框中，单击"指定孔"图标，设定钻孔加工位置。在弹出的"点到点几何体"对话框中单击"选择"按钮(见图 11-22)，在随后弹出的对话框中选择"是"，选择 Φ10 通孔边线，两次单击"确定"返回到"钻"对话框；单击"指定顶面"图标，弹出的"顶面"对话框如图 11-39 所示，选择"顶面选项"为"面"，单击"选择面"，选择模型中的凹槽面，如图 11-40 所示，单击"确定"按钮完成顶面选择；单击"指定底面"图标，弹出的"底面"对话框如图 11-41 所示，选择"底面选项"为"面"，单击"选择面"，选择模型下表面，如图 11-42 所示，单击"确定"按钮完成底面选择，返回到"钻"对话框。

图 11-39　选择顶面对话框　　　　图 11-40　选择模型顶面

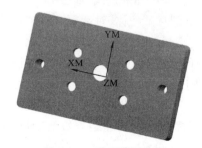

图 11-41　选择底面对话框　　　　图 11-42　选择模型底面

选择循环类型。在"定心钻"对话框的"循环类型"下单击"编辑参数"图标，弹出"指定参数组"对话框，单击"确定"按钮设置循环参数组 1，在弹出的"Cycle 参数"对话框中单击"Depth"指定钻孔深度，在弹出的"Cycle 深度"对话框中选择"穿过底面"。单击"确定"按钮，返回"钻"对话框。单击"生成刀轨"图标，生成的 Φ10 通孔刀轨如图 11-43 所示。

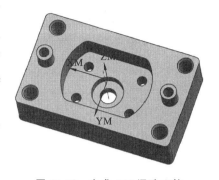

图 11-43　生成 Φ10 通孔刀轨

4）Φ20 沉头孔工序的创建

单击"创建工序"图标，系统打开"创建工序"对话框，设置 Φ20 的锪孔工序参数如图11-44所示。参数设置完后单击"确定"按钮，弹出"沉头孔加工"对话框，单击"指定孔"图标，在弹出的对话框中单击"选择"按钮，选择 Φ20 沉孔边线，单击"确定"按钮返回到"沉头孔加工"对话框，单击"指定顶面"图标，选择如图 11-45 所示的面，单击"确定"按钮返回到"沉头孔加工"对话框。

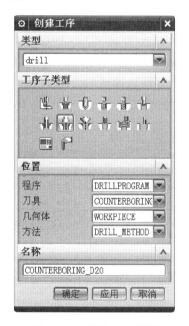

图 11-44　锪孔工序设置

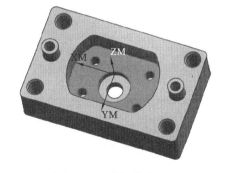

图 11-45　选择锪孔顶面

选择循环类型。在循环类型下单击"编辑参数"图标，弹出"指定参数组"对话框，单击"确定"按钮设置循环参数组 1，在弹出的"Cycle 参数"对话框中单击"Depth"指定钻孔深度，在弹出的"Cycle 深度"对话框中选择"刀肩深度"，指定深度值为 5，单击"确定"返回到"沉头孔加工"对话框。

设置进给速度。单击"进给率和速度"图标，设置进给速度和主轴转速如图 11-46 所示，单击"确定"按钮返回"沉头孔加工"对话框，单击刀轨"生成"图标，生成锪孔刀轨如图 11-47 所示。

5）4 个 Φ8 盲孔工序的创建

复制 DRILLING_D6 工序，右键单击 DRILLING_D6，在弹出快捷菜单中选择"复制"，右

图 11-46　进给和主轴转速设置

图 11-47　生成 Φ20 锪孔刀轨

键单击 DRILLPROGRAM,选择"内部粘贴"。重命名为 DRILLING_D8,双击该节点,修改参数。单击"指定孔"图标 ,弹出"点到点几何体"对话框,单击"选择"按钮,在随后弹出的对话框中选择"是",选择 4 个 Φ8 通孔边线,单击"确定"按钮两次,返回到"沉头孔加工"对话框,单击"指定顶面"图标 ,选择如图 11-48 所示模型上表面。

选择循环类型,在"循环类型"下单击"编辑参数"图标 ,弹出"指定参数组"对话框,设置循环参数组 1,单击"确定"按钮,弹出"Cycle 参数"对话框,单击"Depth"指定钻孔深度,弹出"Cycle 深度"对话框,选择"刀肩深度",在弹出的对话框中设置深度值为 15,两次单击"确定"按钮,返回"沉头孔加工"对话框,设置最小安全距离为 15,避免碰刀,如图 11-49 所示,单击"生成刀轨"图标,生成 Φ8 孔刀轨如图 11-50 所示。

图 11-48　选择 Φ8 孔顶面

图 11-49　设置最小安全距离

6) Φ10 埋头孔工序的创建

单击"创建工序"图标 ,系统打开"创建工序"对话框,设置钻 Φ10 埋头孔工序如图 11-51 所示,单击"确定"按钮,弹出"钻埋头孔"对话框,单击"指定孔"图标 ,弹出"点到点几何体"对话框,单击"选择"按钮按钮,选择 4 个 Φ10 埋头孔边线,单击"确定"按钮,返回到"点到点几何体"对话框,单击"点到点几何体"对话框中的"优化"按钮,在出现的对话框(见图 11-25)中选择"最短刀轨",单击"确定"按钮,在出现的对话框(见图 11-26)中选择单击"优化",再在随后出现的对话框(见图 11-27)单击"接受",单击"确定"完成钻孔位置的选择。在"钻埋头孔"对话框中单击"选择顶面"图标 ,在模型中选择如图 11-52 所示上表面。最小安全距离设置为 15。

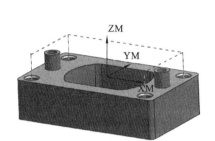

图 11-50 生成 Φ8 孔刀轨

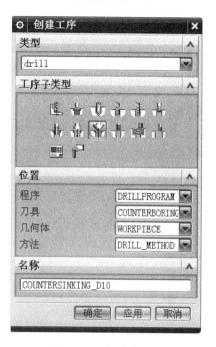

图 11-51 埋头孔工序

图 11-52 选择埋头孔顶面

选择循环类型。在"循环类型"下单击"编辑参数"图标,指定循环参数组 1。单击"确定"按钮,在弹出的"Cycle 参数"对话框中单击"Csink 直径",如图 11-53 所示,指定埋头孔直径,设置为 10,如图 11-54 所示。单击"确定"按钮,返回"钻埋头孔"对话框。单击"进给率和速度"图标,设置进给速度和主轴转速如图 11-55 所示,单击"生成刀轨"按钮,生成 Φ10 埋头孔刀轨,如图 11-56 所示。

孔系加工程序如图 11-57 所示,由图可知,不同的孔采用了不同的加工方式,UG NX 提供了丰富的加工策略,提高了加工效率。

9. 加工模拟

选中"工序导航器"对话框中的 6 个工步,单击"确认刀轨"图标,弹出"刀轨可视化"对话框,再单击"2D 动态"选项卡,将对话框右边的滚动条向下拉,单击"动画速度"选项下的播放按钮,进行模拟加工。

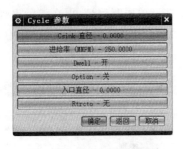

图 11-53　埋头孔循环参数

图 11-54　埋头孔直径设置

图 11-55　进给速度和转速设置

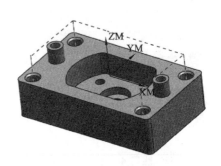

图 11-56　埋头孔刀轨

10. 后处理

通过"工序导航器",用鼠标将 6 个工步的刀具轨迹全部选中,然后单击"后处理"命令图标, 在出现的"后处理"对话框中,选中"后处理器"栏中的"MILL_3_AXIS"选项,即三轴立式铣床,给文件起个名字,单击"应用"按钮,即可生成全部刀具轨迹的数控加工程序,如图 11-58 所示。

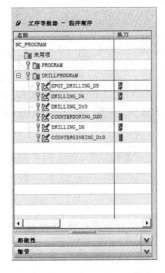

图 11-57　孔系加工程序

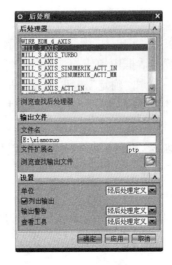

图 11-58　后处理生成 CNC 程序

11.1.4　本项目操作技巧总结

通过下模座孔系的加工，可以概括出以下知识和操作要点。

（1）孔的类型有多种，中心孔、钻孔、埋头孔、镗孔、铰孔等工艺，不同的工艺采用不同的加工策略，设置合理的加工参数，使用合理的刀具，选择合适的切削用量。

（2）创建孔加工工序的时候，应考虑合理的加工顺序，比如钻孔须安排在中心孔后，利于提高孔的定位精度，不致钻偏。

（3）UG NX 提供了指定几何体的多种方式，合理使用这些方式可以提高加工的效率，优化加工路径。

（4）对生成的刀轨进行校验，确认安全距离，避免干涉。

11.1.5　上机实践 24——"支撑板"的孔系加工

本训练项目是用 UG 的加工模块完成图 11-59 所示的"支撑板"的孔系加工。支撑板的孔系由 9 个孔组成，其中四个螺纹孔，五个沉头孔，请安排合理的数控加工工艺，加工模型的孔系结构。

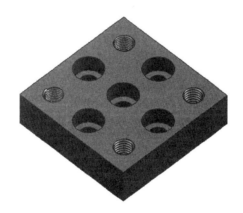

图 11-59　支撑板的孔系加工

操作步骤：

（1）导入模型，切换到加工模块，创建加工坐标系和工件，设置安全距离。

（2）创建加工刀具，分别为中心孔钻、麻花钻、锪孔钻和丝锥。

（3）钻 9 个中心孔，用于钻孔定位，深度设置为 2～5。

（4）钻 5 个沉头孔通孔。

（5）锪 5 个沉头孔。

（6）钻 4 个螺纹孔底孔。

（7）加工 4 个螺纹孔。

单 元 小 结

针对不同类型的孔，需要选择合适的加工方法并配置合适的加工参数才能达到最好的效果。一般说来，孔的加工相对比较简单，通常可以通过在普通机床上输入简单的程序来实现，对于使用 UG 编程的工件来说,使用 UG 进行钻孔的模拟加工,不仅可以看出哪里有瑕疵,还可以对工件进行优化,同样也可以直接生成完整的程序,从而提高机床的利用率。

思考与练习

本训练项目是用 UG 的加工模块完成图 11-60 所示的底板的孔系加工。底板的孔系由 8 个孔组成,其中 4 个通孔,4 个沉头孔,请安排合理的数控加工工艺,加工模型的孔系结构。

图 11-60　底板的孔系加工

第 12 单元　车 削 加 工

本单元通过项目介绍 UG NX 8.5 加工模块 CAM 中数控车削加工编程的基本操作方法和操作技巧,主要内容包括工件分析、数控加工工艺方案制定、加工模型的创建、加工环境的初始化、加工几何体参数的定义、加工操作的建立、刀路生成加工模拟、后处理程序生成等相关内容。

数控车削加工编程是 UG NX 8.5 加工模块 CAM 的一个主要功能,也是本书的重点之一,学习过程中一定要仔细领悟,反复练习,学习制定最佳工艺方案,创建最优加工操作,生成高质量的加工程序。

本单元学习目标

(1) 了解加工对象几何体参数的基本概念和含义,了解数控车加工编程的流程。

(2) 熟练掌握加工模型的创建、加工环境初始化、加工几何体参数定义的方法。

(3) 掌握数控车刀具新建、修改的方法。

(4) 熟练掌握加工操作的创建和编辑方法,熟悉加工模拟的不同方法和后处理程序的生成方法。

(5) 具备对一般复杂模型数控车加工编程的能力。

项目 12-1　轴 的 加 工

12.1.1　学习任务和知识要点

1. 学习任务

完成如图 12-1 所示轴零件的实体造型和数控车加工编程,加工材料为 $\Phi 85 \times 150$ 的 45 钢棒料。

2. 知识要点

(1) 加工模型创建。

(2) 加工环境初始化,加工几何体参数定义。

(3) 刀具的创建、加工操作建立、刀路的生成和加工模拟。

(4) 后处理。

12.1.2　数控车概述

数控车编程和数控铣编程操作流程相同,编程方法相似,只是操作对话框和参数设置有所

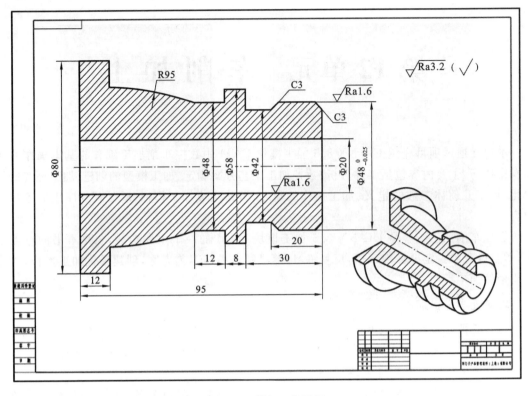

图 12-1 轴加工模型图

不同,现简单说明。

1. 数控车创建工序子类型

在"创建工序"对话框中,将类型设为"turning"后,在"工序子类型"选项下会列出如图12-2所示工序子类型,说明如下。

中心线点钻。

中心线钻孔。

中心线啄钻。

中心线断屑。

中心线铰刀。

中心攻螺纹。

面加工。

外侧粗车。

退刀粗车

内侧粗镗。

退刀粗镗。

外侧精车。

内侧精镗。

退刀精镗。

图 12-2 工序子类型

示教模式。

外侧开槽。

内侧开槽。

在面上开槽。

外侧螺纹加工。

内侧螺纹加工。

部件关闭。

车削控制。

用户定义车削。

2. 数控车共同项参数说明

不同工序子类型操作弹出的对话框会有所不同,但操作流程是相似的,并且一些主要的参数设置是相同的,即参数共同项,下面以图示方式说明。

1) 几何体选项(见图 12-3)

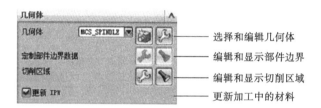

图 12-3 "几何体"选项

2) 切削策略选项(见图 12-4)

图 12-4 "切削策略"选项

3) 刀具选项(见图 12-5)

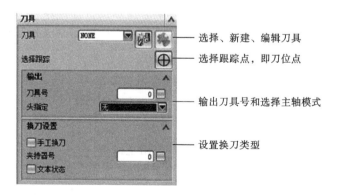

图 12-5 "刀具"选项

4) 刀具方位选项(见图 12-6)

图 12-6　"刀具方位"选项

5）刀轨设置（见图 12-7）

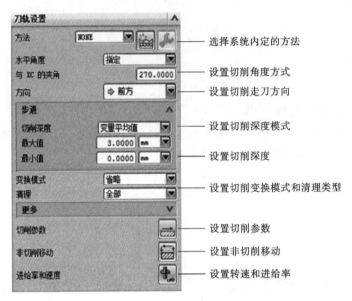

图 12-7　"刀轨设置"选项

12.1.3　轴加工的操作步骤

1. 工件分析

从轴的模型图中可以看出，这是一个旋转体零件，创建模型可以采用建模模块中的旋转命令完成。在初始化加工模块时采用车削类型"turning"完成初始化，进入 CAM 模块中。工件为中空零件，要加工内孔，由于孔不大且有粗糙度要求，可采用钻、铰完成。孔加工可在机床上手动完成，也可用程序自动加工。如生产批量大时要采用自动加工，本例采用自动加工的方法。由于零件的长径比值小，刚度强，可不用上前顶尖，工件不用调头，一次装夹加工完成。在 Φ48 圆柱面上有公差要求：上偏差 0，下偏差 −0.025，且粗糙度为 Ra1.6，编程时要加以考虑。零件其余面粗糙度为 Ra3.2，加工工艺采用粗精分开的方法。为保证外观质量，精车时用恒线速功能。

2. 数控加工工艺方案

通过上面分析，确定数控加工工艺方案为：先用主偏角 95°、刀片为菱形 80° 的外圆刀加工右端面，然后加工内孔，方法为钻孔、铰孔；再加工外圆，因 R95 圆弧右边是凸起的台阶，为防主偏角 95° 的外圆刀刀后发生干涉，遂用主偏角 93°、刀片为菱形 55° 的外圆刀加工外圆，方法为粗、精车外圆；最后用 6 mm 的切断刀切槽、切断。

由上述分析，制定数控加工工艺过程，参见表 12-1 数控加工工艺卡。

表 12-1　数控加工工序卡

单位	数控加工工序卡		产品名称	零件名称	零件图号
工艺序号	程序编号	夹具名称	夹具编号	使用设备	车间夹具图号

工步号	工步内容	加工面	刀具号	刀具规格	主轴转速 /(r/min)	进给速度 /(mm/min)	背吃刀量/mm	备注
1	车端面	右端面	1	95°外圆刀	800	80	2	恒线速
2	钻引孔	右端面中心	2	Φ2 中心钻	3000	150	—	
3	钻底孔	中心	3	Φ19.4 麻花钻	1500	200	—	
4	铰孔	Φ20 孔	4	Φ20 机用铰刀	600	60		
5	粗车外圆	全部外圆	5	93°外圆刀	800	100	2	
6	精车外圆	全部外圆	5	93°外圆刀	1200	80	0.5	恒线速
7	粗精车槽	Φ42、Φ48 二处槽	6	6 mm 切断刀	800	30		恒线速
8	切断	左端面	6	6 mm 切断刀	800	30		恒线速

编制		审核		批准		第　页	共　页

3. 创建加工模型

启动 UG NX 8.5 后，单击"标准"工具栏上的"打开"按钮，弹出"打开"对话框，选择"lathe-1.prt"，单击"OK"按钮，文件打开后如图 12-8 所示。

4. 进入加工环境

单击"启动"下拉按钮，如图 12-9 所示，选择"加工"菜单。弹出如图 12-10 所示"加工环境"对话框，选择"turning"选项，单击"确定"按钮，进入数控车加工环境。

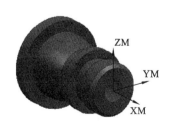

图 12-8　轴零件实体

图 12-9　"启动"下拉按钮

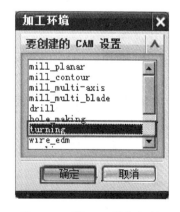

图 12-10　"加工环境"对话框

5. 创建刀具

根据前面数控加工工艺分析，确定刀具参数，参见表 12-2，创建刀具。注意：在编程中所创建的刀具要与实际加工所用刀具一致，否则会造成误差，甚至出现撞刀现象。

表 12-2 数控车加工刀具明细表

零件图号	零件名称		材料	程序编号	车间		使用设备	

刀号	刀具名称	刀具参数		刀补地址		换刀方式	刀方位号
		刀尖 r/mm	刀杆规格/mm	半径号	形状号	自动/手动	
1	95°外圆刀	0.8	25×25	1	1	自动	3
2	Φ2 中心钻	—	—	2	2	自动	—
3	Φ19.4 麻花钻	—	—	—	3	自动	—
4	Φ20 机用铰刀	—	—	—	4	自动	—
5	93°外圆刀	0.4	25×25	5	5	自动	3
6	6 mm 切断刀	0.1	25×25	6	6	自动	3

编制		审核		批准		第 页	共 页
						年 月 日	

1) 创建 1 号刀,刀具名称为 T0101

将工序导航器切换为"工序导航器-机床"视图,单击"创建刀具"图标，弹出"创建刀具"对话框,如图 12-11 所示,"类型"选择"turning","刀具子类型"选择"OD_80_L"图标，"名称"设置为 T0101,单击"确定"按钮,弹出"车刀-标准"对话框,如图 12-12 所示,选择"刀具"选项卡,按如图所示设置参数。选择"跟踪"选项卡,按如图 12-13 所示设置参数。其他参数默认,单击"确定"按钮,完成 1 号刀的创建。

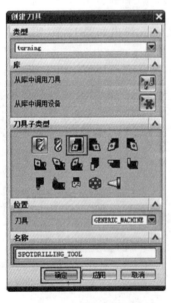

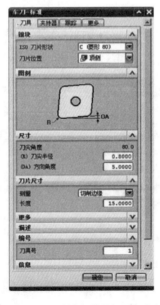

图 12-11 "创建刀具"对话框　　图 12-12 设置"刀具"选项卡参数　　图 12-13 设置"跟踪"选项卡参数

2) 创建 2 号刀具,刀具名称为 T0202

2 号刀为中心钻,在"创建刀具"对话框的"刀具子类型"列表中没有中心钻,可以从刀库中调用,并作相应修改。单击"创建刀具"图标,弹出"创建刀具"对话框,如图 12-14 所示,单击"库"选项下的"从库中调用刀具"图标,弹出"库类选择"对话框,如图 12-15 所示,单击"要搜索的类"列表下的"钻"前面的"+"号,展开后选择"中心钻"选项,单击"确定"按钮,在弹出的"搜索准则"对话框中,不设任何条件,如图 12-16 所示;单击"确定"按钮,弹出"搜索结果"对话框,在"匹配项"列表内,选择 ugt0322-001 刀具,单击"确定"按钮,完成 2 号刀的调用,如图 12-17 所示。

图 12-14　选择刀库

图 12-15　选择刀具类型

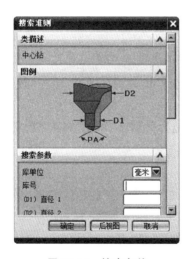

图 12-16　搜索条件

图 12-17　"确定"完成

在"工序导航器-机床"视图列表中,右键单击 UGT0322_001 选项,如图 12-18 所示,在弹出快捷菜单中选择"重命名",修改刀具名称为 T0202。再双击"刀具"按钮,弹出"Centre Drill Type A"中心钻对话框,修改刀具号、补偿寄存器号为2,如图 12-19 所示,单击"确定"按钮,完成 2 号刀的创建。

3) 创建 3 号刀,刀具名称为 T0303

3 号刀为麻花钻,创建方法与 1 号刀方法相似。单击"创建刀具"图标,弹出"创建刀具"对话框,"刀具子类型"选择"麻花钻"图标,"名称"设置为 T0303,单击"确定"按钮,弹出

"钻刀"对话框,设置"直径"为 19.4,设置刀具号为 3,补偿寄存器号为 3,其他参数默认。单击"确定"按钮,完成 3 号刀的创建。

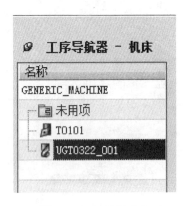

图 12-18　刀具重命名

图 12-19　中心钻对话框

4)创建 4 号刀,刀具名称为 T0404

4 号刀为铰刀,创建方法与 3 号刀相同,单击"创建刀具"图标 ,弹出"创建刀具"对话框,选择"类型"选择为"drill","刀具子类型"选择"铰刀"图标 ,"名称"设置为 T0404,单击"确定"按钮,弹出"钻刀"对话框,设置刀具直径为 20,刀具号为 4,补偿寄存器号为 4,其他参数默认,单击"确定"按钮,完成 4 号刀的创建。

5)创建 5 号刀,刀具名称为 T0505

5 号刀为车刀,单击"创建刀具"图标 ,弹出"创建刀具"对话框,选择"类型"为"turning","刀具子类型"为"OD_55_L"图标 ,"名称"设置为 T0505,单击"确定"按钮,弹出"车刀-标准"对话框,设置刀尖半径为 0.4,方向角为 32°。选择"跟踪"选项卡,设置刀方向号为 3,"补偿寄存器"和"刀具补偿寄存器"均为 5,其他参数默认,单击"确定"按钮,完成 5 号刀的创建。

6)创建 6 号刀,刀具名称为 T0606

单击"创建刀具"图标 ,弹出"创建刀具"对话框,选择"刀具子类型"为"切槽刀具"图标 ,"名称"设置为 T0606,单击"确定"按钮,弹出"槽刀-标准"对话框,设置"刀片宽度"为 6,"刀半径"为 0.1,"刀具号"为 6。选择"跟踪"选项卡,设置"刀方向号"为 3,"补偿寄存器"和"刀具补偿寄存器"均为 6,其他参数默认,单击"确定"按钮,完成 6 号刀的创建。

6. 创建几何体

1)为便于后续方便操作,修改视图

单击"定向视图下拉菜单"图标 ,选择"俯视图"图标 ,将视图设为俯视。单击"渲染样式下拉菜单"图标 ,选择"静态线框"选项,将视图设为线框显示。单击导航器工具条上的"几何视图"按钮 ,将工序导航器设为"几何视图"。

2)设置编程坐标系

双击"工序导航器-几何"中的"MCS_SPINDLE"图标 MCS SPINDLE ,弹出"Turn

Orient"对话框,如图 12-20 所示。默认图中零件前端中心为编程坐标系原点和方向,默认"车床工作平面"选项下,"指定平面"为 ZM-XM,因当初在建模时,将零件前端中心设为工作坐标系原点,所以转到车削加工模块后,可直接使用该点为编程坐标系原点,单击"确定"按钮,完成加工坐标系指定。

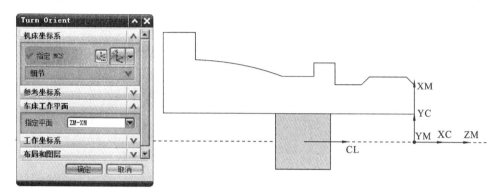

图 12-20 设置编程坐标系

3)设置加工几何体参数

双击"工序导航器-几何"中的"WORKPIECE"图标,弹出"工件"对话框,单击"指定部件"图标,弹出"部件几何体"对话框,在视图中选择实体,单击"确定"按钮,完成部件指定,如图 12-21 所示。

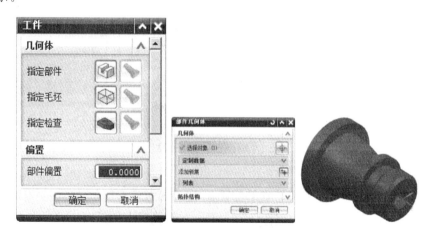

图 12-21 指定部件几何体

4)设置车削边界

双击"工序导航器-几何"中的"TURNING _ WORKPIECE"图标 TURNING_WORKPIECE,如图 12-22 所示,弹出"Turn Bnd"对话框,如图 12-23(a)所示,单击"指定部件边界"的显示图标,可显示系统识别到的实体车削边界,如图 12-23(b)所示。单击"指定毛坯边界"图标,弹出"选择毛坯"对话框,如图 12-23(c)所示,默认毛坯类型为实心材料,单击"安装位置"下的"选择"按钮,在弹出的"点"对话框中,设置 XC 值为 2 mm,给毛坯前端预留 2 mm 加工余量,如

图 12-22 选择车削几何体

图 12-23（d）所示，单击"确定"按钮，返回"选择毛坯"对话框，设置毛坯长 150 mm，直径 85 mm，在"点位置"选项中选择"远离主轴箱"选项，让毛坯反向，单击"确定"按钮完成，返回到"Turn Bnd"车削边界对话框，单击"确定"按钮完成毛坯指定，如图 12-23（e）所示。

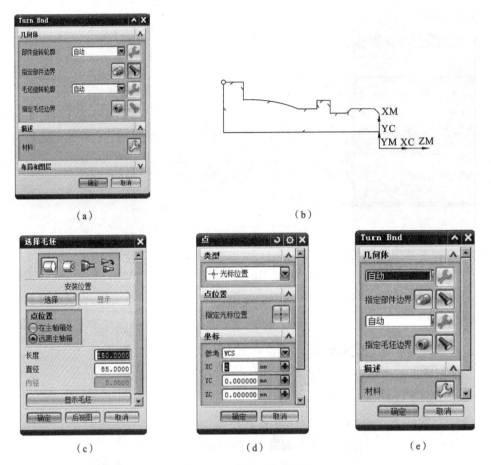

图 12-23　指定毛坯边界

5）建立避让点

避让点可以理解为刀具绕开障碍物的位置点，这里当做换刀点用。单击"创建几何体"图标 ，弹出"创建几何体"对话框，如图 12-24（a）所示，选择"RURNING_WORKPIECE"选项，将避让点设为"RURNING_WORKPIECE"车削几何体下的子对象。在"几何体子类型"选项下，选择"AVOIDANCE"避让按钮 ，单击"确定"按钮，弹出"避让"对话框，在"运动到起点（ST）"选项下，"运动类型"列表中选择"直接"，如图 12-24（b）所示，再单击"指定点"旁的"点"对话框按钮 （见图 12-25（a）），弹出"点"对话框，设置 XC 为 100，YC 为 60，ZC 为 0，如图 12-25（b）所示，单击"确定"按钮，返回到"避让"对话框，在"运动到返回点/安全平面（RT）"选项下，"运动类型"列表中选择"直接"单击指定点旁的"点"对话框按钮 ，弹出"点"对话框，按上述方法设置 XC 为 100，YC 为 60，ZC 为 0，单击"确定"按钮，避让点设置完成。

7. 创建操作

1）创建车端面工步

单击"创建工序"图标 ，弹出"创建工序"对话框，"类型"选择"turning"在"工序子类型"

（a）

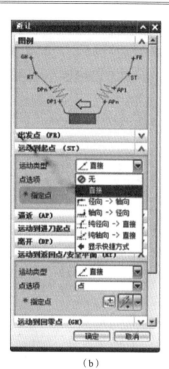

（b）

图 12-24　设置避让点

（a）

（b）

图 12-25　设置避让点

选择"FACING"图标, "刀具"选择"T0101"车刀; "几何体"选择"AVOIDANCE", "方法"选择"NONE", 如图 12-26(a)所示。单击"确定"按钮, 弹出"面加工"对话框, 如图 12-26(b)所示。

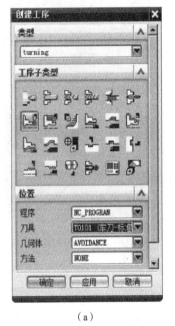
(a)

(b)

图 12-26　创建车端面工步

(1) 几何体设置。单击"面加工"对话框中的"定制部件边界数据"旁的"编辑"图标和"显示"图标, 可编辑和显示部件边界; 单击"切削区域"旁的"编辑"图标和"显示"图标, 可编辑和显示切削范围。单击"切削区域"旁"编辑"按钮, 设置加工区域, 弹出"切削区域"对话框, 如图 12-27 所示。

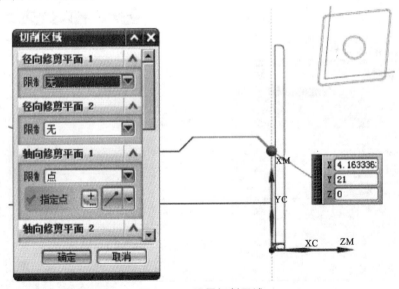

图 12-27　设置切削区域

(2) 设置加工区域。在"切削区域"对话框中, 单击"轴向修剪平面 1"选项下"限制"选项旁的下拉按钮, 将限制类型设为"点"方式, 在视图中选择如图 12-27 所示端面上的点, 从图中可以看出切削区域只留下轴前端材料,单击"确定"完成,返回到"面加工"对话框。

（3）切削策略设置。在"面加工"对话框中"切削策略"选项下,默认"单向线性切削"模式,即单向走刀方式,如图 12-28 所示。

（4）刀轨设置。在"刀轨设置"选项下,默认切削方向角为 270°,即为切端面走刀方式,如图 12-29 所示。

图 12-28　设置切削策略　　　　　　　　　图 12-29　刀轨设置

（5）切削参数。各选项保持默认,加工余量为 0。

（6）非切削移动参数。各选项保持默认,即刀具从换刀点出发,完成加工后又返回到换刀点。

（7）设置进给率和速度。在"刀轨设置"选项下,单击"进给率和速度"旁的图标（见图 12-30(a)）,弹出"进给率和速度"对话框,如图 12-30(b)所示,在"主轴速度"选项下设"输出模式"为"SMM"即恒线速模式,单位为 m/min;设定"表面速度"为 200 m/min;设"最大 RPM"即最高限速为 5000 r/min(若机床允许最大转速是 5000);设定"预设 RPM"即设定转速为 800 r/min。设置"进给率"选项下"切削"旁进给速度为 80 mm/min,单击下面"更多"选项,展开后按如图 12-30(b)设置其他速度参数。单击"确定"按钮,返回到"面加工"对话框,其他项参数默认。

（a）　　　　　　　　　　　　　（b）

图 12-30　设置"进给率和速度"

（8）生成刀轨。单击"操作"选项下"生成"图标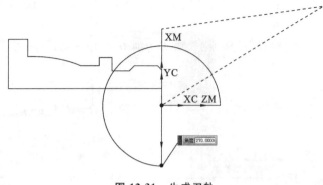，生成车端面刀轨，如图 12-31 所示。

图 12-31　生成刀轨

2）创建钻中心孔工步

单击"创建工序"图标 ，弹出"创建工序"对话框，"类型"选择"Centerline Drilling"图标
，"刀具"选择 T0202 车刀，"几何体"选择"AVOIDANCE"避让点选项，"方法"选择
"NONE"，如图 12-32（a）所示。单击"确定"按钮，弹出"中心线钻孔"对话框，如图 12-32（b）
所示。

（a）

（b）

图 12-32　创建工序并设置起点和深度

（1）循环类型设置。保持默认。其中输出选项为"已仿真"表示输出含有 G01、G00 的这
类指令，而不会输出点位加工的循环指令，如 G81、G82 这类是不会输出的。

（2）起点和深度设置。在"起点和深度"选项下，"深度选项"设为"距离"，将"距离"设为 3，

即钻孔深度为 3mm。

（3）刀轨设置。保持默认。

（4）进给率和速度设置。在"刀轨设置"选项下，单击"进给率和速度"图标，弹出"进给率和速度"对话框，如图 12-33（a）所示，在"主轴速度"选项下设定"输出模式"为 RPM，即 r/min 单位模式；勾选"进刀主轴速度"项，设定转速为 3000 r/min；在"进给率"选项下设定"切削"进给率为 150 mm/min，单击"确定"按钮，返回"中心线钻孔"对话框，其他参数采用默认。

（5）生成刀轨。单击"操作"选项下"生成"按钮（见图 12-33（b）），生成钻孔刀轨，如图 12-33（c）所示。

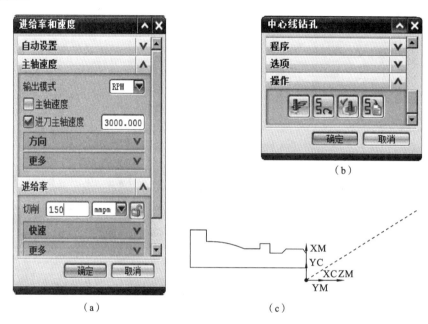

（a）　　　　　　　　　　　　　（b）

（c）

图 12-33　设置进给率和速度，生成刀轨

3）创建钻底孔工步

钻底孔操作和钻中心孔操作步骤相同，可以复制钻中心孔操作，再修改相关参数即可。右键单击"工序导航器_几何"视图中的"CENTERLINE_DRILLING"选项（见图 12-34），弹出快捷菜单，在菜单中选择"复制"，再单击右键弹出快捷菜单，在菜单中选择"粘贴"，复制出"CENTERLINE_DRILLING_COPY"操作项，双击此项，弹出"中心线钻孔"对话框，如图 12-35（a）所示。

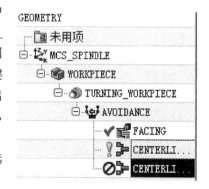

图 12-34　复制操作

（1）更换刀具。单击"刀具"选项按钮，将该项展开，选择 T0303 刀具，更换完成。

（2）修改钻孔深度。在"起点和深度"选项下，在"深度选项"列表中选择"端点"项，在视图中选择如图 12-35（b）所示零件左端上一点，重新设定钻孔深度。

（3）设定钻出深度。勾选"穿出距离"前的选择框，设置钻出深度为 2mm。

（4）修改进给率和转速。单击"进给率和速度"旁的图标，弹出"进给率和速度"对话框，修改"进刀主轴速度"为 1500 r/min,修改"切削"进给率为 200 mm/min,单击"确定"按钮,返回"中心线钻孔"对话框,其他参数默认。

(5)生成刀轨。单击"操作"选项下"生成"图标 ![icon]（见图 12-35(c)），生成钻孔刀轨,如图 12-36 所示。

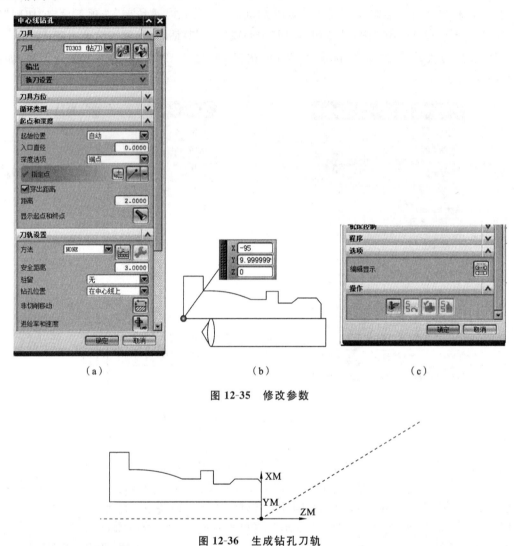

（a）   （b）   （c）

图 12-35　修改参数

图 12-36　生成钻孔刀轨

4）创建铰孔工步

铰孔操作和钻底孔操作步骤相同,可以复制钻底孔操作,再修改相关参数即可。右键单击"工序导航器_几何"视图中的"CENTERLINE_DRILLING_COPY"选项,弹出快捷菜单,在菜单中选择"复制",再单击右键弹出快捷菜单,在菜单中选择"粘贴",复制出"CENTERLINE_DRILLING_COPY_COPY"操作项,双击此项,弹出"中心线钻孔"对话框,如图 12-37 所示。

(1)更换刀具。单击"刀具"下拉列表按钮,将该项展开,在"刀具"列表中选择 T0404 刀具,更换完成。

(2)修改进给率和速度。单击"进给率和速度"图标 ![icon],弹出"进给率和速度"对话框,修改"进刀主轴速度"为 600 r/min,修改"切削"进给率为 60 mm/min,单击"确定"按钮,返回"中心线钻孔"对话框。

（3）刀轨设置。铰刀加工到孔底后应作停留，以便提高表面质量，在"刀轨设置"选项下，单击"驻留"旁下拉按钮 ▼，在列表中选择驻留方式为"时间"，在下面"秒"旁框内设置时间为 20 s，如图 12-37 所示。

（4）生成刀轨。单击"操作"选项下"生成"按钮 ⬆，生成铰孔刀轨。

5）创建粗车工步

单击"创建工序"图标 ⚒，弹出"创建工序"对话框，如图 12-38（a）所示，选择"类型"为"turning"，"工序子类型"选择"Rough_Turn_OD"图标 ⬛，"刀具"选择"T0505"车刀；"几何体"选择"AVOIDANCE"避让点选项，"方法"选择"NONE"。单击"确定"按钮，弹出"粗车 OD"对话框，如图 12-38（b）所示。

图 12-37　刀轨设置

（1）几何体设置。单击"切削区域"旁的"编辑"图标 🔧，弹出"切削区域"对话框，如图 12-38（c）所示，单击"修剪点 1"选项按钮，展开后，单击"点选项"旁的下拉按钮 ▼，展开后选择"指定"选项，在视图中选择如图 12-38（d）所示的点，单击"角度选项"旁的下拉按钮 ▼，在列表中选择"角度"选项，按如图 12-38（c）所示指定参数，其他默认，单击"预览"选项下的"显示"按钮 🔍，显示如图 12-39 所示切削区，单击"确定"按钮，返回到"粗车 OD"对话框。

在图 12-39 所示切削区中，槽内的材料应当由切槽刀加工，因此要将这个区域忽略。修剪点延伸距离设为 7 mm，因切槽刀宽为 6 mm，实际切削延伸了 1 mm，为后续切断提供便利，并可以保证最后出刀点表面质量。

忽略槽内材料区域。如图 12-40（a）所示，在"粗车 OD"对话框中的"几何体"选项下，单击"定制部件边界数据"图标 🔧，弹出"部件边界"对话框，如图 12-40（b）所示，单击"编辑"按钮 编辑，弹出"编辑成员"对话框，如图 12-41 所示，在视图中依次选择要忽略的边界，在"编辑成员"对话框中勾选"忽略成员"项，单击"确定"按钮退出，返回到"粗车 OD"对话框中，单击"切削区域"旁的"显示"按钮 🔍，忽略切槽区材料，如图 12-42 所示。

（2）切削策略设置。保持默认，"单向线性走刀"方式不变。

（3）刀轨设置。走刀方向不变。

（4）步进设置。设置切削层深度，在"刀轨设置"选项下，"步进"框内，设置"最大值"切削层深度为 2 mm，如图 12-43（a）所示。

（5）设置切削参数。确定粗加工余量。单击"刀轨设置"选项下，"切削参数"图标 ⬛，弹出"切削参数"参数对话框，单击"余量"选项卡，设置"粗加工余量"选项下，"恒定"余量值为 0.5，如图 12-43（b）所示，单击"确定"按钮，返回"粗车 OD"对话框。

（6）设置非切削移动，优化非切削路径。如图 12-44（a）所示，单击"粗车 OD"对话框中"非切削移动"图标 ⬛，弹出如图 12-44（b）所示的"非切削移动"对话框，单击"离开"选项卡，在"运动到返回点/安全平面"选项下，可以看到"指定点"选项前已经打勾 ✔，单击"指定点"选项，并在视图中可看到此点的坐标值 X 为 100，Y 为 60，Z 为 0，如图 12-44（c）所示，此点为当前刀具

（a）

（b）

（c）

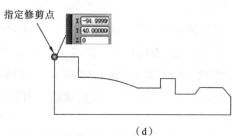

（d）

图 12-38 指定参数

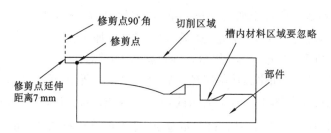

图 12-39 显示切削区域

（a）

（b）

图 12-40　设置部件边界

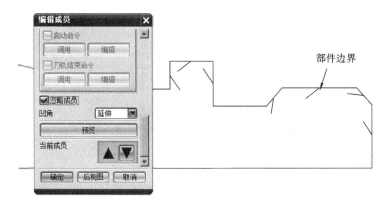

图 12-41　编辑成员

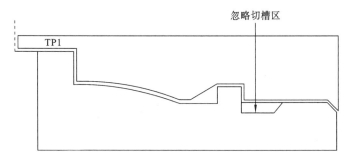

图 12-42　忽略切槽区内材料

退刀位置,此坐标值为本粗车操作识别到其父项"AVOIDANCE",即前面设的避让点的信息。现将坐标对话框中的值设 X 为 10,Y 为 40,Z 为 0,如图 12-44(d)所示,将退刀点设在就近处,以方便下一步精车。单击"确定"按钮,返回到"粗车 OD"对话框。

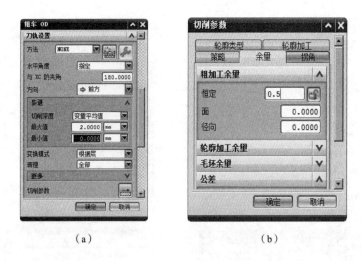

(a)   (b)

图 12-43　切削参数设置

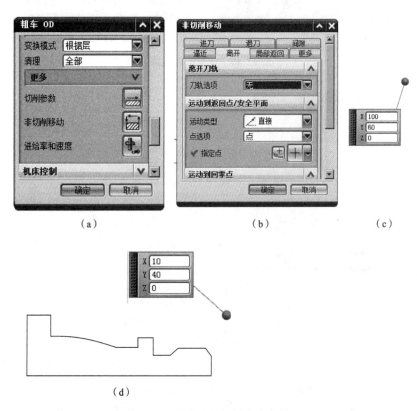

(a)   （b）   （c）

(d)

图 12-44　设置非切削移动参数

　　（7）设置进给率和速度。单击"进给率和速度"图标，弹出"进给率和速度"对话框，在"主轴速度"选项下设"输出模式"为"RPM"，单位为 mm/min；勾选"主轴速度"前选框，设转速为 800 r/min。设置"进给率"选项下，"切削"旁进给速度为 100 mm/min，单击下面"更多"选项，展开后设置"进刀"为 50 切削百分比，其他参数默认，如图 12-45 所示。单击"确定"按钮，返回到"粗车 OD"对话框。

　　（8）生成刀轨。单击"操作"选项下"生成"图标，生成粗车刀轨，如图 12-46 所示。

6）创建精车工步

精车操作方法与粗车类似,相同部分只作简要介绍。单击"创建工序"图标 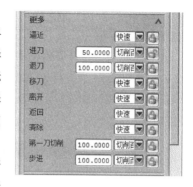,弹出"创建工序"对话框,"类型"选择为"turning","工序子类型"选择"FINISH_TURN_OD"图标 ，"刀具"选择"T0505"车刀；"几何体"选择"AVOIDANCE"避让点选项,"方法"选择"NONE",如图12-47(a)所示。单击"确定"按钮,弹出"精车 OD"对话框。

（1）几何体设置。在"几何体"选项下,单击"定制部件边界数据"图标 ，按上面粗车方法修改部件边界。单击"切削区域"旁的"编辑"图标 ，弹出"加工区域"对话框,按

图 12-45　设置进刀参数

上面粗车方法设定切削区域,单击"预览"选项下的"显示"按钮,显示如图 12-47(b)所示切削区,单击"确定"按钮,返回到"精车 OD"对话框。

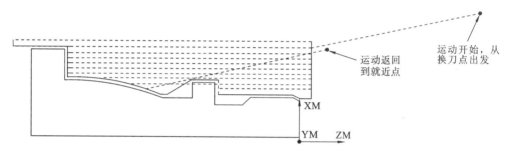

图 12-46　生成刀轨

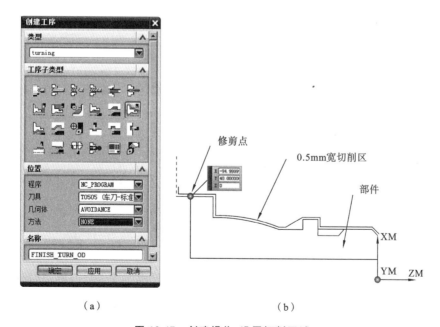

（a）　　　　　　　　　　　　　（b）

图 12-47　创建操作,设置切削区域

（2）修改局部公差精度。在零件图上,前端 Φ48 圆柱面上的公差为 0 和－0.025,现运用修改边界的方法设置此公差:在"精车 OD"对话框中的"几何体"选项下,单击"定制部件边界

数据"图标![icon]，弹出"部件边界"对话框，如图 12-48(a)所示，单击"编辑"按钮，弹出"编辑成员"对话框，在视图中选择要修改公差的边界，在"编辑成员"对话框中勾选"应用成员余量"复选框，设置下面"距离"旁框中公差值为 -0.013；勾选下面"切削进给率"前选框，设置切削进给率为 60，减小此处进给率可以进一步提高此处表面的质量。单击"预览"按钮，可以预览到修改的边界，如图 12-48(b)所示，单击"确定"按钮退出，再单击"确定"按钮，返回到"精车 OD"对话框中。

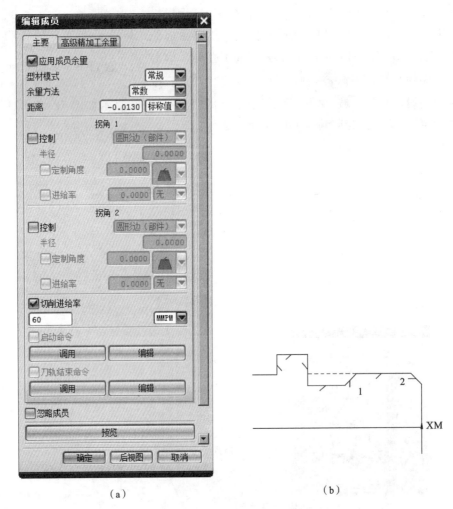

(a)   (b)

图 12-48　修改局部公差精度

(3) 切削策略设置。保持默认，即全部精加工。

(4) 刀轨设置。走刀方向保持默认。

(5) 切削参数设置。单击"切削参数"图标![icon]，弹出"切削参数"对话框，其他选项采用默认，即精加工余量为 0；单击"拐角"选项卡，设置"常规拐角"为"延伸"，设置"浅角"为"延伸"，设置"凹角"为"延伸"。

(6) 设置非切削移动，优化非切削路径。由于粗精车之间并没有换刀，因此，精车时刀具不必从换刀点出发，而应当从粗车返回点处(X10,Y40,Z0)的位置出发，从而节省换刀时间。单击"非切削移动"图标![icon]，弹出"非切削移动"对话框，单击"逼近"选项卡，在"运动到起点"选项下，可以看到"指定点"选项前已经打勾 ，单击"指定点"选项，并在视图中可看到此点的坐标值 X 为 100，Y 为 60，Z 为 0，此点为当前刀具运动的开始点位置，现将坐标对话框中的值设 X 为 10，Y 为 40，Z 为 0，将开始点设在粗车的返回点位置，单击"确定"按钮，返回到"精车 OD"对话框。如图 12-49 所示 。

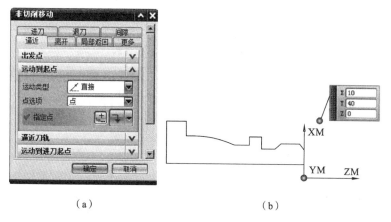

（a） （b）

图 12-49　设置非切削移动参数

（7）设置进给率和速度。单击"进给率和速度"图标 ，弹出"进给率和速度"对话框，在"主轴速度"选项下设"输出模式"为"SFM"即恒线速模式；设"表面速度"为 300；设"最大 RPM"即最高限速为 5000（在机床允许的范围内）；设"预设 RPM"即设定转速为 1200。在"进给率"选项下，设置"切削"旁进给速度为 80，单击下面"更多"选项，展开后按如图 12-50 所示设置其他速度参数。单击"确定"按钮，返回到"精车 OD"对话框。其他项参数默认。

（8）生成刀轨。在"精车 OD"对话框中，单击"操作"选项下"生成"按钮 ，生成精车刀轨，如图 12-51 所示。

7）创建车槽工步

单击"创建工序"图标 ，弹出"创建工序"对话框，选择"类型"为"turning"，"工序子类型"选择"GROOVE_OD"车槽图标 ，"刀具"选择"T0606"车槽刀；"几何体"选择"AVOIDANCE"避让点选项，"方法"选择"NONE"，如图 12-52（a）所示。单击"确定"按钮，弹出如图 12-52（b）所示"在外径开槽"对话框。

（1）几何体设置。在"几何体"选项下，单击"切削区域"旁的"显示"图标 ，在视图中可预览到切削区域，如图 12-53 所示，从图中看出零件后部的材料现在不能车削，要放在最后工步中切断，因此要修改切削区。单击"切削区域"旁的"编辑"按钮 ，弹出"切削区域"对话框，如图 12-54（a）所示，单击"轴向修剪平面 1"选项下，"限制选项"旁的下拉按钮 ，将限制类型设为"点"方式，在视图中选择如图 12-54（b）所示位置的点，从图中可以看出切削区域只留前端槽内的材料，单击"区域选择"选项下，"区域加工"旁的下拉按钮 ，从列表中选择"多个"，即要加工 2 个切槽

图 12-50　设置进给率和速度

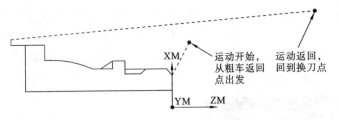

图 12-51　生成刀轨

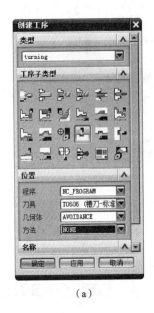

（a）

（b）

图 12-52　创建车槽工步

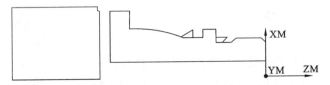

图 12-53　切削区域预览

区。单击"确定"按钮，返回到"在外径开槽"对话框。

（2）切削策略设置：采用默认。

（3）刀轨设置：其他参数采用默认。

（4）设置切削参数。单击"刀轨设置"选项下"切削参数"图标📟，弹出"切削参数"对话框，单击"余量"选项卡，设置"粗加工余量"选项下，"恒定"余量值为 0.5，其他值默认，如图 12-55（a）所示；单击"轮廓加工"选项卡，勾选"附加轮廓加工"复选框，在"刀轨设置"选项中，按如图 12-55（b）所示设置，单击"确定"按钮，返回"在外径开槽"对话框。

（5）设置非切削移动。单击"在外径开槽"对话框中，"刀轨设置"选项下的"非切削移动"图标📟，弹出"非切削移动"对话框，单击"离开"选项卡，在"运动到返回点/安全平面"选项下，单击"指定点"选项，将坐标对话框中的值设为 X：-55，Y：45，Z：0，将退刀点设在就近处，以方便下一步切断工步。单击"确定"按钮，返回到"在外径开槽"对话框。如图 12-56 所示 。

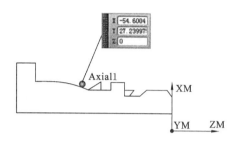

（a）　　　　　　　　　　　　　　（b）

图 12-54　修改切削区域

（a）　　　　　　　　　　　　　　（b）

图 12-55　设置切削参数

（6）设置进给率和速度。单击"进给率和速度"图标 ⭐，弹出"进给率和速度"对话框,在"主轴速度"选项下设"输出模式"为"SFM",设"表面速度"为 200;设"最大 RPM"即最高限速为 5000;设"预设 RPM"即设定转速为 1200。在"进给率"选项下,设置"切削"进给速度为 30,单击下面"更多"选项,展开后按如图 12-57 所示设置其他速度参数。单击"确定"按钮,返回到"在外径开槽"对话框。其他项参数默认。

（7）生成刀轨。其他项参数默认,在"在外径开槽"对话框中,单击"操作"选项下"生成"按钮 ⭐,生成车槽刀轨,如图 12-58 所示。

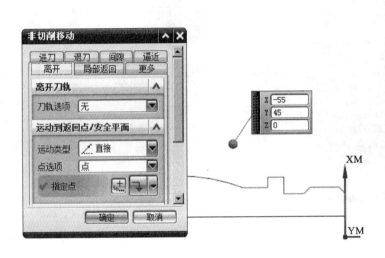

图 12-56　设置非切削移动参数

图 12-57　设置进给率和速度

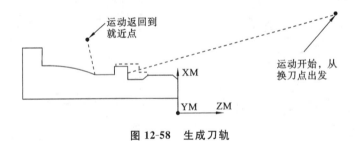

图 12-58　生成刀轨

8）创建切断工步

切断操作和上面的切槽操作方式相同，可以对切槽操作复制再修改，以提高编程效率。在"工序导航器_几何"视图中，选择"GROOVE_OD"车槽选项，右键单击，在弹出的快捷菜单中选择"复制"，然后右键单击，在快捷菜单中选择"粘贴"，复制出"GROOVE_OD_COYP"项，再双击此项，弹出"在外径开槽"对话框。

（1）修改几何体设置。在"在外径开槽"对话框的"几何体"选项下，单击"切削区域"旁的"编辑"图标🔍，弹出"切削区域"对话框，如图 12-59（a）所示，单击"径向修剪平面 1"选项下"限制选项"旁的下拉按钮🔽，将限制类型设为"点"方式，在下面单击"点对话框"按钮，弹出"点"对话框，如图 12-59（b）所示，设置坐标值为 X：−95，Y：8，Z：0；单击"轴向修剪平面 1"选项下"限制选项"旁的下拉按钮🔽，将限制类型设为"点"方式，将选点模式设为"终点"，在视图中选择部件左上端的点；单击"轴向修剪平面 2"选项下"限制选项"旁的下拉按钮🔽，将限制类型设为"点"方式，在下面单击"点对话框"按钮，设置坐标值为 X：−101，Y：40，Z：0（刚好切槽刀宽度）；单击"区域选择"选项下，"区域加工"旁列表下拉按钮，从列表中选择"单个"，单击"确定"按钮，返回到"在外径开槽"对话框，如图 12-59 所示。

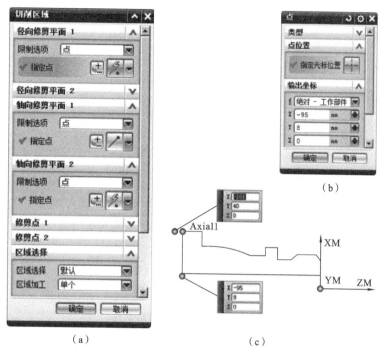

图 12-59　设置切削区域

（2）设置切削参数。单击"切削参数"图标，弹出"切削参数"对话框，单击"余量"选项卡，将"粗加工余量"选项下"恒定"余量值设为 0，其他值默认，如图 12-60(a)所示；单击"轮廓加工"选项卡，取消勾选"附加轮廓加工"复选框，如图 12-60(b)所示，单击"确定"按钮，返回"在外径开槽"对话框。

（3）设置非切削移动。单击"非切削移动"图标，弹出"非切削移动"对话框，单击"逼

（a）

（b）

图 12-60　设置切削参数

近"选项卡,在"运动到起点"选项下,单击"指定点"选项,将坐标对话框中的值设为 X:−55,Y:45,Z:0,将运动开始点设在此处。如图 12-61 所示。

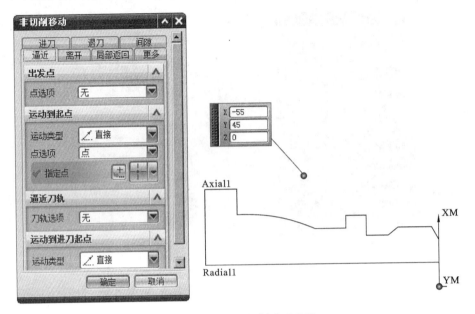

图 12-61　设置非切削移动参数

　　单击"离开"选项卡,在"运动到返回点/安全平面"选项下,单击"指定点"选项,将坐标对话框中的值设为 X:100,Y:60,Z:0,将退刀点设为换刀点处,在"运动类型"旁列表中选择"径向 -> 轴向"选项,此项将退刀方式设为先沿径向再沿轴向退出,以防止撞刀。单击"确定"按钮,返回到"在外径开槽"对话框。如图 12-62 所示 。

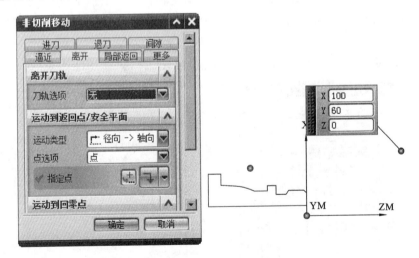

图 12-62　设置退刀方式

　　(4) 设置进给率和速度。进给率和速度设置不变。单击"确定"按钮,返回到"在外径开槽"对话框。

　　(5) 生成刀轨。在"在外径开槽"对话框中,单击"操作"选项下"生成"图标 ,生成车槽刀轨,如图 12-63 所示。

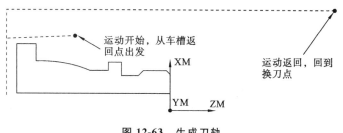

图 12-63　生成刀轨

8. 加工模拟

在"工序导航器-几何"视图中,选择所有加工工步以上的任何一个父对象,如"AVOIDANCE"避让点,单击"操作"工具条上"确定刀轨"图标 ,弹出"刀轨可视化"对话框,如图 12-64(a)所示,选择"3D 动态"选项卡,进行 3D 模拟,单击"选项"按钮,弹出"IPW 碰撞检查"对话框,按如图 12-64(b)所示设置,单击"确定"按钮返回,在"动画速度"下设置播放速度为 5,单击"播放"按钮 ,模拟检测通过,如图 12-65 所示。单击"确定"按钮返回。

（a）

（b）

图 12-64　设置刀轨可视化

9. 后处理

单击"后处理"图标 ,弹出"后处理"对话框,如图 12-66(a)所示,单击"浏览查找后理器"按钮 ,找到教材提供的法兰克后处理器 fanuc_lathe,单击"确定"按钮完成,生成如图 12-66(b)所示程序。

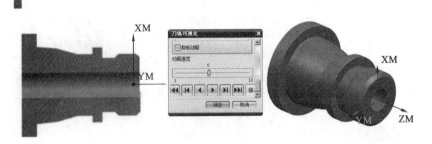

图 12-65　模拟加工

（a）　　　　　　　　　　　　　（b）

图 12-66　后处理

12.1.4　本项目操作技巧总结

通过轴零件加工，可以概括出以下几项知识和操作要点。

（1）数控车编程，首先要定义正确的编程坐标系，其次要定义正确的部件边界和毛坯边界。为了便于观察，在部件导航器中，将不必要的实体、片体等隐藏，只显示便于加工编程的部件轮廓。

（2）要设置合理的切削区域。

（3）设置合理的非切削移动方式。设置就近且必须安全的换刀点，其方法是：设置"ANOIDANCE"避让点，且把它作为所有加工工步的父项。在同一刀具不换刀的几个工步中，可在其操作级别里，即在"非切削移动"选项中，设置优化的返回点或开始点等，以缩短移动路径，提高加工效率。

（4）对有局部公差精度要求的边界，可使用"定制部件边界数据"的编辑方法，实现局部公差控制，而不影响全部边界。对暂时不加工的区域，也可使用"定制部件边界数据"的编辑方法，将其忽略。对某些工步，要特别指定合理的运动类型，防止碰撞，如切槽，进退刀可设成"轴向→径向"和"径向→轴向"方式。

（5）设置合理的工艺参数，如走刀方式、切削层深度、进给率和速度、加工余量等。

（6）进行必要的刀轨检验，最好用"3D 动态"方式，在检测"选项"中打开"碰撞暂停"和"换刀检查"方式进行播放检测，必须确定整个走刀动作安全可靠，方可后处理生成加工程序。

（7）对具有相同操作方法的加工工步，如钻、镗、铰以及切槽、切断等可复制其操作，再修改相关参数，以提高编程效率。

（8）创建刀具的几种方法：可从"刀具子类型"列表中创建，也可从刀库中调用，再修改参数，达到使用目的；还可复制刀具再修改参数达到目的。

12.1.5　上机实践 25——螺纹轴的加工

本训练项目是完成图 12-67 所示的螺纹轴的加工，材料为 Φ50 的 45 钢长棒料。从图中可以看出零件没有公差要求，没有表面质量要求。主要是学习螺纹的加工和镗孔加工。

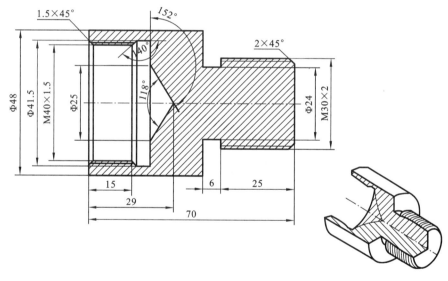

图 12-67　螺纹轴的加工

1. 工件分析

从图中可以看出，零件的长径比值小，刚度高，可不用上前顶尖，工件要调头加工。车右端工艺路线为：由于没有表面要求，可采用粗精车合在一起加工，先车端面，粗精车外圆，再切槽，最后车螺纹、切断，工件调头。加工左端，钻底孔时由于孔径较大，就采用深孔啄钻方式进行，然后再镗孔、车内螺纹，完成零件加工。程序输出分 2 次，车右端输出程序名为 O0001，车左端输出程序名为 O0002。

2. 数控加工工艺方案

由上面分析，数控加工工艺方案确定为：先用主偏角 95°、刀片为菱形 80°的外圆刀加工右端面，然后加工外圆，方法为粗精车一次完成；再用 6 mm 的切断刀切槽，用螺纹刀车螺纹，最后用切断刀切断;然后将工件调头,钻直径 25 的孔(钻引孔手动方式在机床上完成),用刀杆直径 16 的镗刀镗孔,用刀杆直径 16 的内螺纹刀车内螺纹,最后完成零件加工。由上述分析,制定数控加工工序表和刀具明细表,参见表 12-3 和表 12-4。

表 12-3　数控加工工序表

单位		数控加工工序卡		产品名称	零件名称	零件图号
工艺序号		程序编号	夹具名称	夹具编号	使用设备	车间夹具图号

工步号	工步内容	加工面	刀具号	刀具规格	主轴转速 /(r/min)	进给速度 /(mm/min)	背吃刀量 /mm	备注
1	车端面	右端面	1	95°外圆刀	800	80	2	恒线速
2	粗精车外圆	全部外圆	1	95°外圆刀	800	100	2	恒线速
3	车槽	车退刀槽	2	6 mm 切断刀	800	30	—	恒线速
4	车螺纹	螺纹面	3	螺纹刀	600			
5	切断	左端面	2	6 mm 切断刀	800	30		恒线速
以上输出程序单为 O0001,工件调头。以下输出程序单为 O0002								
6	钻引孔	中心孔		—	—	—	—	手动完成
7	钻底孔	M40×1.5 底孔	4	Φ25 麻花钻	800	80		自动完成
8	镗孔	M40×1.5 底孔	5	镗刀	800	100	1.5	自动完成
9	车内螺纹	M40×1.5	6	内螺纹刀	500	—	—	自动完成
编制		审核		批准		第　页	共　页	

表 12-4　数控车加工刀具明细表

零件图号		零件名称		材料	程序编号	车间		使用设备	
刀号	刀具名称		刀具参数		刀补地址		换刀方式	刀方位号	
			刀尖 r/mm	刀杆规格/mm	半径号	形状号	自动/手动		
1	95°外圆刀		0.8	25×25	1	1	自动	3	
2	6 mm 切断刀		0.1	25×25	2	2	自动	3	
3	螺纹刀		—	25×25	3	3	自动	9	
4	麻花钻		—	Φ25 麻花钻	—	—	自动	—	
5	镗刀		0.4	Φ16 刀杆	5	5	自动	2	
6	内螺纹刀		—	Φ16 刀杆	6	6	自动	9	
编制		审核		批准		第　页		共　页	

年　月　日

3. 打开模型文件

（略）

4. 进入加工环境

（略）

5. 创建刀具

根据前面数控加工工艺分析和刀具参数表，创建刀具。

（1）创建 1 号刀为"OD_80_L"外圆刀，刀具名称为 T0101。

（2）创建 2 号刀为切槽刀，刀具名称为 T0202。

（3）创建 3 号刀为"OD_THREAD_L"螺纹刀，刀具名称为 T0303。

（4）创建 4 号刀为麻花钻，刀具名称为 T0404。

（5）创建 5 号刀为"ID_55_L"镗刀，刀具名称为 T0505。

（6）创建 6 号刀为"ID_THREAD_L"内螺纹刀，刀具名称为 T0606。

6. 创建几何体

（1）定向视图。将视图设为俯视，并将视图设为线框显示。

（2）设置编程坐标系。

（3）设置加工几何体参数。

（4）建立避让点。避让点坐标 XC:100，YC:60，ZC:0。

7. 创建操作

1）创建车右端操作

（1）创建车端面工步，生成刀轨如图 12-68 所示。

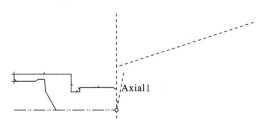

图 12-68　车端面刀轨

（2）创建粗精车工步，生成刀轨如图 12-69 所示。

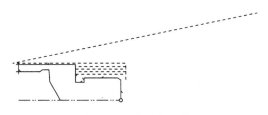

图 12-69　粗精车刀轨

（3）创建车槽工步，生成刀轨如图 12-70 所示。

（4）创建车螺纹工步。单击"创建工序"图标，弹出"创建工序"对话框，"工序子类型"选择

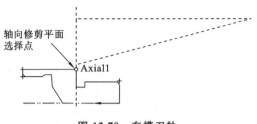

图 12-70 车槽刀轨

"THREAD_OD"车螺纹 ，"刀具"选择"T0303"车槽刀；"几何体"选择"AVOIDANCE"避让点选项，"方法"选择"NONE"。单击"确定"按钮，弹出"外侧螺纹加工"对话框，如图 12-71(a)所示。

(a) 设置参数

(b) 选择边界

(c) 设置螺距

图 12-71 创建车螺纹工步

◆ 螺纹形状设置：单击"螺纹形状"选项下"Select Crest Line"项，在视图中选择螺纹大径的边界，单击"Select End Line"项，在视图中选择螺纹终止端的边（也可不选），如图 12-71(b)所示；在"深度选项"旁列表中选择"深度和角度"选项（因图形中没有画螺纹小径线，所以选择"根线"不可用），设置螺纹牙形深度 1.290，夹角为 180°；单击"偏置"项，将其展开，设置"起始偏置"为 3，设置"终止偏置"为 2.5。

◆ 刀轨设置：设置剩余百分比为 50，"最大距离"为 0.5，"最小距离"为 0.1，即每切削层递减 50％,最大层不大于 0.5,最小层不小于 0.1。单击"切削参数"图标，弹出"切削参数"对话框,单击"螺距"选项卡,设置"距离"即螺距为 2,如图 12-71(c)所示。单击"确定"按钮返回"外侧螺纹加工"对话框。

◆ 设置进给率和转速。设主轴转速为 600 r/min;其他速度参数默认。

◆ 生成刀轨。如图 12-72 所示。

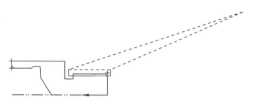

图 12-72　生成车螺纹刀轨

(5)创建切断工步。切断操作和切槽操作方式相同,可以对切槽操作复制再修改,以提高编程效率。生成的车槽刀轨如图 12-73 所示。

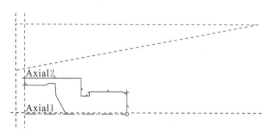

图 12-73　生成的车槽刀轨

(6)加工模拟,如图 12-74 所示。

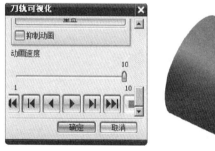

图 12-74　车右端加工模拟

归纳整理以上加工操作,以方便后期分开出程序。将操作浏览器设为"工序导航器-程序顺序"视图,单击"刀片"插入工具条上的创建程序按钮，弹出"创建程序"对话框,创建 O0001 和 O0002 二个程序单。将前面创建的车右端所有加工操作选中,单击右键进行剪切,再选择 O0001 程序单,单击右键作"内部粘贴",将这些加工操作都归在 O0001 程序单下。在后面创建的所有车左端加工操作都放在 O0002 程序单下,这样分开出程序单就很方便。

2)创建车左端操作

要完成车左端操作,要重新建立车左端编程坐标系和几何体信息。简单快捷的方法是:将车右端全部几何体信息复制,这样编程坐标系和"AVOIDANCE"避让点信息沿用,只对少许部分作相应修改便可达到目的。

在建模环境下,用编辑菜单下的"复制""粘贴"命令复制草图,并用编辑菜单下的"移动对象"命令将其翻转,形成左端草图。用图层控制的方法将车右端草图隐藏,显示左端草图,如图12-75 所示。

① 建立车左端编程坐标系和几何体。复制坐标系和几何体信息。将工作环境返回到加工环境,将操作导航器设为"工序导航器-几何"视图,在导航器中选择"MCS_SPINDLE"项,将其复制为"MCS_SPINDLE_COPY"项,再将其展开,将下面的全部操作删除。如图12-76 所示。

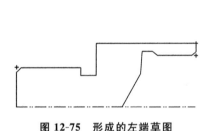

图 12-75　形成的左端草图

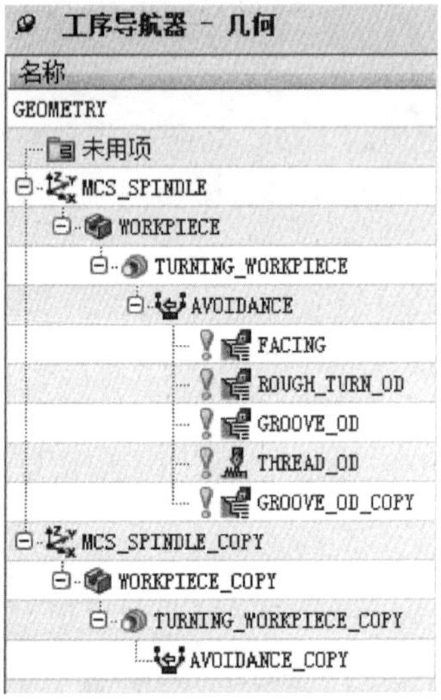

图 12-76　复制坐标系和几何体信息

重设部件边界信息,重设毛坯边界信息。

② 创建钻底孔工步。生成钻孔刀轨如图12-77 所示。

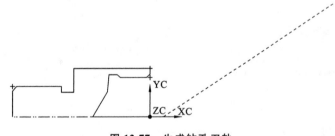

图 12-77　生成钻孔刀轨

③ 创建镗孔工步。单击"创建工序"图标![icon],弹出"创建工序"对话框,选择"工序子类型"为"ROUGH_BORE_ID"粗镗![icon],选择"程序"为"O0002";"刀具"选择"T0505"镗刀;"几何体"选择"AVOIDANCE_COPY"避让点选项;"方法"选择"NONE"。单击"确定"按钮,弹出"粗镗 ID"对话框。

◆ 几何体设置:保持默认。

◆ 刀轨设置:设置切削深度下面"最大值"为 1.5,其他默认。

◆ 切削参数设置保持默认。全部余量为 0。

◆ 非切削移动设置。为防止退刀时出现撞刀,单击"非切削移动"按钮▨,选择"离开"选项,将"运动到返回点/安全平面"选项下,运动类型设为"𝄢自动",单击"确定"按钮完成。

◆ 进给率和速度设置。设主轴速度为 800 r/min;进给速度为 100 mm/min,"进刀"参数为 50,其他速度参数采用默认值。

◆ 生成刀轨。生成镗孔刀轨,如图 12-78 所示。

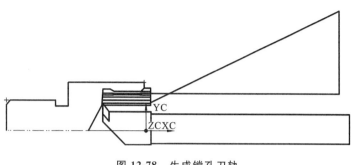

图 12-78　生成镗孔刀轨

④ 创建车内螺纹工步。单击"创建工序"图标▦,弹出"创建工序"对话框,选择"工序子类型"为"THREAD_ID"车内螺纹▦,"程序"选择"O0002"程序单;"刀具"选择"T0606"内螺纹刀;"几何体"选择"AVOIDANCE_COPY"避让点选项;"方法"选择"NONE"。单击"确定"按钮,弹出"螺纹 ID"对话框,如图 12-79(a)所示。

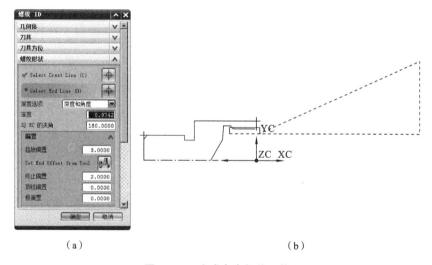

（a）　　　　　　　　　　　　　　　　　　　（b）

图 12-79　生成车内螺纹刀轨

◆ 螺纹形状设置。单击"螺纹形状"选项下,"Select Crest Line"项,在视图中选择螺纹小径的边界;在深度选项旁列表中选择"深度和角度"选项,设置螺纹牙形深度 0.9742,夹角为 180;单击"偏置"项,将其展开,设置"起始偏置"为 3,即螺纹加速段为 3 mm,设置"终止偏置"为 2,即减速段为 2 mm。

◆ 刀轨设置。设置剩余百分比为 50,"最大距离"为 0.35,"最小距离"为 0.1。

◆ 刀轨设置。单击"切削参数"图标▦,弹出"切削参数"对话框,单击"螺距"选项卡,设置"距离"即螺距为 1.5,单击"确定"按钮,返回"螺纹 ID"对话框。

◆ 非切削移动设置。为防止退刀时出现撞刀,单击"非切削移动"图标▨,选择"离开"选项,将"运动到返回点/安全平面"选项下,运动类型设为"　轴向 -> 径向",即先轴向后径向退刀,单击"确定"按钮,完成非切削移动设置。

◆ 设置进给率和速度。设置主轴转速为 500 r/min,其他速度参数默认。单击"确定"按钮,返回到"螺纹 ID"对话框。其他项参数默认。

◆ 生成刀轨。如图 12-79(b)所示。

⑤ 加工模拟。如图 12-80 所示,车左端操作完成。

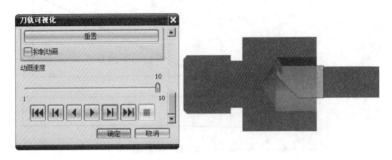

图 12-80　加工模拟

8. 后处理

切换操作导航器为"工序导航器-程序顺序"视图,在导航器内选中 O0001 程序单,单击"后处理"图标 ,弹出"后处理"对话框,如图 12-80(a)所示,单击"浏览查找后理器"按钮 ,找到教材提供的法兰克后处器 fanuc_lathe,设置输出文件名为 O0001,单击"应用"按钮生成 O0001 程序(见图 12-81(b));在导航器内选中 O0002 程序单,设置输出文件名为 O0002,单击"确定"按钮生成 O0002 程序(见图 12-81(c))。

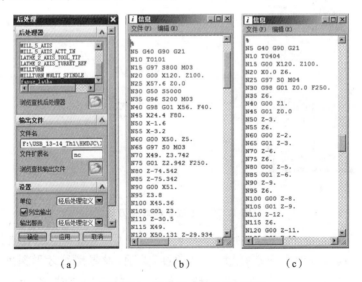

（a）　　　　　　（b）　　　　　　（c）

图 12-81　后处理、"信息"对话框

单 元 小 结

本单元学习了 UG NX 加工模块中数控车编程的常用方法,重点介绍了钻、铰、车端面、粗精车、车螺纹、镗孔、车内螺纹以及切槽切断几种编程方法。大家学习数控车编程时,首先要制定合理的工艺路线和工艺参数,还要设置正确的加工坐标系和车床工作平面;设置正确的部件边界和毛坯边界;在每个操作级别中,如车端面、车槽等操作级别中还要根据实际情况设置合理的切削区域;还要注意在非切削移动中,合理地设置刀具移动的开始点、返回点和返回方式,既可以防止碰撞,又可以缩短路径提高效率。只有正确设置合理的相关参数,才能产生正确的优化刀轨,大家在学习中要多加琢磨和反复思考。

思考与习题

1. 在数控车编程中,设置"AVOIDANCE"避让点的目的是什么?

2. 为了防止进/退刀时发生碰撞,应当在刀轨设置选项中设置什么参数可以达到目的?

3. 编程坐标系和实际加工中的"对刀"有何关联? 如果编程中所设置刀具的几何形态尺寸与实际加工中所用刀具不符会导致什么后果?

4. 创建如图 12-82~图 12-86 所示模型(可以是二维图形),并制定车削加工工艺,完成各零件的数控车加工编程,生成刀轨并模拟检验。

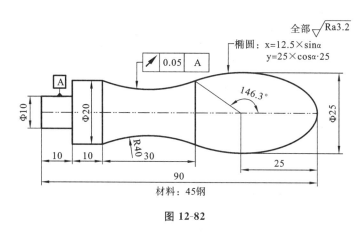

图 12-82

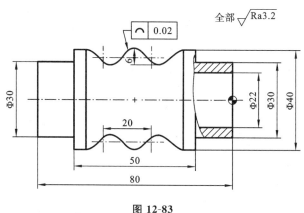

图 12-83

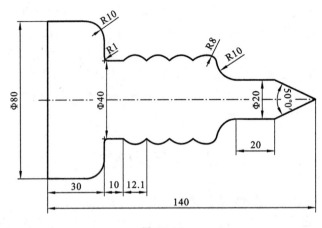

图 12-84

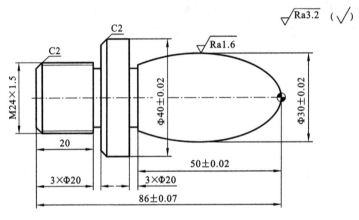

图 12-85

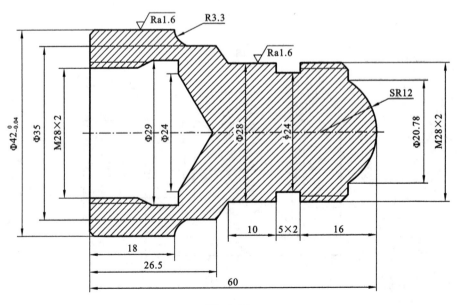

图 12-86

参 考 文 献

［1］ 张士军,韩学军.UG 设计与加工[M].北京:机械工业出版社,2009.

［2］ 张兴华.UG NX 5.0 数控加工范例教程[M].北京:机械工业出版社,2011.

［3］ 卢彩元,谢龙汉.UG NX 8 数控加工全解[M].北京:电子工业出版社,2013.

［4］ 袁锋.计算机辅助设计与制造实训图库[M].北京:机械工业出版社,2007.

［5］ 康显丽,张瑞萍,孙江宏.UG NX 5 中文版基础教程[M].北京:清华大学出版社,2008.

［6］ 楚飞.UG 8.5 产品设计实战从入门到精通[M].北京:人民邮电出版社,2013.

［7］ 王青,刘浩.UG NX8.0 中文版设计高手速成[M].北京:电子工业出版社,2012.